Oliver Kluth

Die Beta-Zelle unter dem Einfluss von Glucose- und Lipidtoxizität

Oliver Kluth

Die Beta-Zelle unter dem Einfluss von Glucose- und Lipidtoxizität

Südwestdeutscher Verlag für Hochschulschriften

Impressum / Imprint
Bibliografische Information der Deutschen Nationalbibliothek: Die Deutsche Nationalbibliothek verzeichnet diese Publikation in der Deutschen Nationalbibliografie; detaillierte bibliografische Daten sind im Internet über http://dnb.d-nb.de abrufbar.
Alle in diesem Buch genannten Marken und Produktnamen unterliegen warenzeichen-, marken- oder patentrechtlichem Schutz bzw. sind Warenzeichen oder eingetragene Warenzeichen der jeweiligen Inhaber. Die Wiedergabe von Marken, Produktnamen, Gebrauchsnamen, Handelsnamen, Warenbezeichnungen u.s.w. in diesem Werk berechtigt auch ohne besondere Kennzeichnung nicht zu der Annahme, dass solche Namen im Sinne der Warenzeichen- und Markenschutzgesetzgebung als frei zu betrachten wären und daher von jedermann benutzt werden dürften.

Bibliographic information published by the Deutsche Nationalbibliothek: The Deutsche Nationalbibliothek lists this publication in the Deutsche Nationalbibliografie; detailed bibliographic data are available in the Internet at http://dnb.d-nb.de.
Any brand names and product names mentioned in this book are subject to trademark, brand or patent protection and are trademarks or registered trademarks of their respective holders. The use of brand names, product names, common names, trade names, product descriptions etc. even without a particular marking in this works is in no way to be construed to mean that such names may be regarded as unrestricted in respect of trademark and brand protection legislation and could thus be used by anyone.

Coverbild / Cover image: www.ingimage.com

Verlag / Publisher:
Südwestdeutscher Verlag für Hochschulschriften
ist ein Imprint der / is a trademark of
AV Akademikerverlag GmbH & Co. KG
Heinrich-Böcking-Str. 6-8, 66121 Saarbrücken, Deutschland / Germany
Email: info@svh-verlag.de

Herstellung: siehe letzte Seite /
Printed at: see last page
ISBN: 978-3-8381-3723-0

Zugl. / Approved by: Potsdam, Uni, Diss., 2012

Copyright © 2013 AV Akademikerverlag GmbH & Co. KG
Alle Rechte vorbehalten. / All rights reserved. Saarbrücken 2013

Inhaltsverzeichnis

1 **Einleitung** 13
  1.1 **Der Diabetes mellitus** 13
    1.1.1 Definition und Klassifikation des Diabetes 13
  1.2 **Pathogenese des Typ-2-Diabetes** 14
    1.2.1 Die Rolle der Ernährung 14
    1.2.2 Adipositas und Insulinresistenz als Hauptursache für Typ-2-Diabetes 15
    1.2.3 β-Zelldysfunktion aufgrund von Glucose- und Lipidtoxizität 16
    1.2.4 Genetische Ursachen des Diabetes-Typ-2 17
  1.3 **Modellsysteme zur Erforschung des Typ-2-Diabetes** 18
    1.3.1 Mausmodelle 18
      1.3.1.1 Die *New Zealand Obese* (NZO)-Maus 19
      1.3.1.2 Die B6.V-$Lep^{ob/ob}$-Maus 19
    1.3.2 Zellmodelle 20
      1.3.2.1 Die MIN6-Zelle 20
  1.4 **Störungen der β-Zellfunktion** 21
    1.4.1 Der Insulin/IGF-1-Rezeptorsignalweg 21
    1.4.2 Stresssignalwege als Auslöser von β-Zelluntergang 23
    1.4.3 Die Regulation der Insulinexpression 24
    1.4.4 Die Regulation der Insulinsekretion 26
  1.5 **Kompensation des Typ-2-Diabetes durch β-Zellproliferation** 27
  1.6 **Zielsetzung der Arbeit** 30

2 **Material und Methoden** 31
  2.1 **Molekularbiologische Methoden** 31
    2.1.1 Isolation von RNA aus Langerhans-Inseln 31
      2.1.1.1 DNAse-Verdau isolierter RNA 31
    2.1.2 Isolation von RNA aus MIN6-Zellen 31
    2.1.3 Bestimmung der RNA-Konzentration mittels NanoDrop® 32
    2.1.4 Bestimmung der RNA-Integrität mittels Bioanalyzer 32
    2.1.5 Bestimmung der DNA-Konzentration von Langerhans-Inseln 33
    2.1.6 cDNA-Synthese aus RNA 34
    2.1.7 Analyse der Genexpression mittels qRT-PCR 35
    2.1.8 Transkriptomanalyse mittels DNA-Chip-Technologie 36
  2.2 **Biochemische Methoden** 37
    2.2.1 Herstellung von Proteinlysaten aus Zellen 37
    2.2.2 Herstellung von Proteinlysaten aus Langerhans-Inseln 37
    2.2.3 Herstellung von Kernextrakten aus Zellen 38
    2.2.4 Bestimmung der Proteinkonzentration 38
    2.2.5 Western Blot Analyse 39
      2.2.5.1 SDS-Polyacrylamidgelelektrophorese zur Auftrennung von Proteinen (SDS-PAGE) 39
      2.2.5.2 Transfer elektrophoretisch aufgetrennter Proteine auf eine PVDF-Membran 40
      2.2.5.3 Immunchemische Detektion transferierter Proteine mit peroxidasevermittelter Chemilumineszenz 41

Inhaltsverzeichnis

2.3 Histologie und Immunhistochemie 42
   2.3.1 Verwendete Antikörper 42
   2.3.2 Gewebeaufarbeitung 42
   2.3.3 Immunhistochemie 44
   2.3.4 *TUNEL-Assay* zur Detektion apoptotischer Zellen 45
   2.3.5 Mikroskopische Auswertung von Färbungen 46
   2.3.6 Morphometrische Auswertung von Färbungen 46

2.4 Untersuchungen an Zelllinien 46
   2.4.1 Verwendete Zelllinie und Kulturbedingungen 46
   2.4.2 Aussaat und Kultur von MIN6-Zellen 47
   2.4.3 MIN6-Zellen im Versuch 47
   2.4.4 Immuncytochemische Färbung von Zellproteinen 48

2.5 Arbeitsmethoden in der Primärzellkultur 48
   2.5.1 Isolation von Langerhans-Inseln 48
   2.5.2 Kultur von Langerhans-Inseln 49
   2.5.3 Untersuchungen der Langerhans-Inseln unter glucolipotoxischen Bedingungen 49
   2.5.4 Bestimmung der Glucose-stimulierten Insulinsekretion (GSIS) 50

2.6 Tierexperimente 51
   2.6.1 Verwendete Mausmodelle 51
   2.6.2 Zucht- und Haltungsbedingungen 51
   2.6.3 Diätetische Interventionen 51
      2.6.3.1 Verwendete Diäten 51
   2.6.4 Bestimmung des Körpergewichts 52
   2.6.5 Bestimmung der Blutglucose 52
   2.6.6 Blutentnahme zur Plasmagewinnung 53
   2.6.7 Euthanasie und Organentnahme 53
   2.6.8 Bestimmung von Plasmaparametern 53
      2.6.8.1 Insulin 53
      2.6.8.2 Proinsulin 54
      2.6.8.3 Glucagon 54
      2.6.8.4 Triglyceride und freies Glycerol 54
      2.6.8.5 Freie Fettsäuren 55

2.7 Datenanalyse 55
   2.7.1 Graphische Darstellung und Tabellenkalkulation 55
   2.7.2 Deskriptive Statistik und Vergleich der Mittelwerte 55

3 Ergebnisse 57

3.1 Kohlenhydratvermittelter Typ-2-Diabetes in der NZO-Maus 57
   3.1.1 Einfluss der Kohlenhydratfütterung auf die Sekretion des Proinsulins und Glucagons 57
   3.1.2 Apoptose von insulinproduzierenden β-Zellen 60
      3.1.2.1 Kohlenhydratinduzierter β-Zelluntergang in der NZO-Maus 60
      3.1.2.2 Nachweis von Glucolipotoxizität-induzierter Apoptose in dem β-Zellmodell MIN6 62

3.2 Schutz der B6.V-*Lep$^{ob/ob}$*-Maus vor einem kohlenhydratinduziertem β-Zelluntergang ... 63
   3.2.1 Plasmaparameter von NZO und ob/ob-Maus im Vergleich 64

3.3 Molekulare Veränderungen in β-Zellen nach Kohlenhydratgabe 66

Inhaltsverzeichnis

3.3.1	Einfluss von Kohlenhydraten auf die Integrität der β-Zellen der NZO-Maus	66
3.3.2	Einfluss der Kohlenhydratfütterung auf Komponenten des Insulin/IGF-1-Rezeptor- Signalweges in β-Zellen der ob/ob-Maus	69
3.3.3	Auswirkungen glucolipotoxischer Bedingungen auf isolierte NZO-Inseln	71
3.3.4	Integrität von ob/ob-Inseln unter glucolipotoxischen Kulturbedingungen	73
3.3.5	Die MIN6-Zelle unter dem Einfluss glucolipotoxischer Bedingungen	75
3.3.5.1	Untersuchungen von Komponenten des Insulin/IGF-1-Rezeptor-Signalwegs	75
3.3.5.2	Einfluss von Glucose und Fettsäureexposition auf die Expression β-zellspezifischerTranskriptionsfaktoren	79
3.3.6	Untersuchung von Komponenten aus Zellstress-Signalwegen in β-Zellen	81
3.3.7	Einfluss glucolipotoxischer Bedingungen auf die Insulinexpression in β-Zellen der NZO- und ob/ob Maus	84
3.3.8	Glucose-stimulierte Insulinsekretion isolierter ob/ob und NZO-Inseln	88

3.4 Untersuchungen zu den Ursachen der Diabetesresistenz der ob/ob-Maus 89

3.4.1	Vergleichende Transkriptomanalyse von ob/ob- und NZO-Inseln nach zweitägiger Kohlenhydratfütterung	89
3.4.2	Untersuchung des Einflusses von Kohlenhydratfütterung auf die β-Zellproliferation	92

4 Diskussion 95

4.1 Kohlenhydratvermittelter Typ-2-Diabetes in der männlichen NZO-Maus 96

4.1.1	Auswirkungen der progressiven Hyperglykämie auf die Hormonsekretion der Langerhans-Inseln	96
4.1.2	Glucolipotoxizität als Ursache des β-Zelluntergangs in der NZO-Maus	98
4.1.3	Zur Rolle des Transkriptionsfaktors FoxO1 im Mechanismus des β-Zelluntergangs	102
4.1.4	Zusammenhänge zwischen der Regulation β-zellspezifischer Transkriptionsfaktoren und der β-Zellfunktion	104
4.1.5	Der Einfluss von Stress-Signalwegen in der β-Zelle	107

4.2 Die Rolle der Insulinexpression und -Sekretion in der Diabetesentstehung 109

4.2.1	Die Insulinexpression unter dem Einfluss glucolipotoxischer Bedingungen	109
4.2.2	Die Insulinsekretion von ob/ob und NZO-Inseln	111

4.3 Genetische Diversität zwischen NZO und ob/ob-Maus 112

4.3.1	Vergleichende Untersuchungen mittels *Microarray*-basierter Transkriptomanalyse	112
4.3.2	Kohlenhydrat-induzierte Proliferation von β-Zellen in ob/ob-Mäusen	113

5 Zusammenfassung 116

6 Literaturverzeichnis 118

Abbildungsverzeichnis

Abbildungsverzeichnis

Abb. 1	Der Insulin/IGF-1-Rezeptorsignalweg
Abb. 2	Einfluss von ER-Stress auf die β-Zellfunktion
Abb. 3	Mechanismen der Insulinfreisetzung in β-Zellen
Abb. 4	Auslöser und beteiligte Proteine des Zellzyklus in der β-Zelle
Abb. 5	Entwicklung der Insulin- und Proinsulinkonzentrationen im Plasma von NZO-Mäusen.
Abb. 6	Immunhistochemische Analyse der Proinsulin- und Insulinmenge in Langerhans-Inseln der NZO-Maus
Abb. 7	Verlauf der Glucagonspiegel bei -CH bzw. +CH gefütterten NZO-Mäusen
Abb. 8	Nachweis apoptotischer Zellen in Langerhans-Inseln von NZO-Mäusen nach mehrtägiger Kohlenhydratfütterung
Abb. 9	Progressive Zerstörung der Langerhans-Inseln nach 32 Tagen Kohlenhydratfütterung
Abb. 10	Aktivität der Caspase-3 in MIN6-Zellen unter verschiedenen Kulturbedingungen
Abb. 11	Vergleich von Plasmaparametern in NZO, ob/ob und B6-DIO-Mäusen
Abb. 12	Blutzuckerverläufe von NZO und ob/ob-Mäusen im Vergleich
Abb. 13	Immunhistochemische Färbung von p-AKT auf NZO-Pankreasschnitten im Zeitverlauf
Abb. 14	Immunhistochemische Färbung von p-FoxO1 auf NZO-Pankreasschnitten im Zeitverlauf
Abb. 15	Immunhistochemische Färbung von PDX1 auf NZO-Pankreasschnitten im Zeitverlauf
Abb. 16	Immunhistochemische Färbung von Nkx6.1 auf NZO-Pankreasschnitten im Zeitverlauf
Abb. 17	Immunhistochemische Färbung von p-AKT auf ob/ob-Pankreasschnitten im Zeitverlauf
Abb. 18	Immunhistochemische Färbung von p-FoxO1 auf ob/ob-Pankreasschnitten im Zeitverlauf
Abb. 19	Immunhistochemische Färbung von PDX1 auf ob/ob-Pankreasschnitten im Zeitverlauf
Abb. 20	Nachweis von p-FoxO1 und p-AKT in NZO-Inseln unter glucolipotoxischen Bedingungen
Abb. 21	Expression von PDX1 und Nkx6.1 in isolierten Langerhans-Inseln der NZO-Maus unter glucolipotoxischen Bedingungen
Abb. 22	Proteinmenge von p-FoxO1 und p-AKT in ob/ob-Inseln unter glucolipotoxischen Bedingungen
Abb. 23	Nachweis von PDX1 in ob/ob-Inseln unter glucolipotoxischen Bedingungen
Abb. 24	Nachweis von p-FoxO1 und p-AKT in MIN6-Zellen unter glucolipotoxischen Bedingungen
Abb. 25	Lokalisation von FoxO1 in MIN6-Zellen bei verschiedenen Glucosekonzentrationen in An- und Abwesenheit von Palmitat
Abb. 26	Nachweis von p-AKT und p-FoxO1 in MIN6-Zellen unter dem Einfluss verschiedener Palmitatkonzentrationen
Abb. 27	Expression der β-Zellspezifischen Transkriptionsfaktoren PDX1 und Nkx6.1 in MIN6-Zellen unter glucolipotoxischen Bedingungen
Abb. 28	Expression des β-Zellspezifischen Transkriptionsfaktors MafA in MIN6-Zellen unter glucolipotoxischen Einflüssen
Abb. 29	Phosphorylierung von eIF2α in NZO-Inseln und MIN6-Zellen unter glucolipotoxischen Bedingungen
Abb. 30	Einfluss glucolipotoxischer Bedingungen auf die Aktivierung der JNK in MIN6-Zellen
Abb. 31	Einfluss glucolipotoxischer Bedingungen auf die Expression des Transkriptionsfaktors c-Jun in MIN6-Zellen
Abb. 32	Expression der Insulingene *Ins1* und *Ins2* sowie des Transkriptionsfaktors *Pdx1* in Inseln von -CH und +CH-gefütterten NZO- und ob/ob-Mäusen
Abb. 33	Expression der Insulingene *Ins1* und *Ins2* sowie des Transkriptionsfaktors *Pdx1* in behandelten NZO- und ob/ob-Inseln
Abb. 34	Expression der Insulingene *Ins1* und *Ins2* sowie des Transkriptionsfaktors *Pdx1* in behandelten MIN6-Zellen

Abbildungsverzeichnis

Abb. 35	Glucose-stimulierte Insulinsekretion von Langerhans-Inseln der ob/ob und NZO-Maus
Abb. 36	Expression von Zellzyklusgenen in Inseln von ob/ob- und NZO-Mäusen
Abb. 37	β-Zellproliferation bei ob/ob und NZO-Mäusen nach Kohlenhydratfütterung
Abb. 38	Veränderungen der β-Zellmasse in ob/ob und NZO-Mäusen nach 32-tägiger Kohlenhydratfütterung
Abb. 39	Zusammenfassung der Mechanismen, die zum Untergang der NZO-Inseln bzw. zum Schutz der ob/ob-Inseln bei Kohlenhydratgabe beitragen
Abb. 40	Aufbau des Insulinpromotors

Tabellenverzeichnis

Tab. 1	Verwendete Sonden und ihre Identifikationsnummern
Tab. 2	Verwendete Primärantikörper der Western-Blot-Analyse
Tab. 3	Verwendete Primär- und Sekundärantikörper der Immunhistochemie
Tab. 4	Ablauf der Gewebeeinbettung
Tab. 5	Rehydrieren von Gewebeschnitten
Tab. 6	Dehydrieren von Gewebeschnitten
Tab. 7	Zusammensetzung der Experimentaldiäten
Tab. 8A	Signifikant regulierte Gene nach zwei Tagen +CH-Fütterung
Tab. 8B	Signifikant regulierte Gene von ob/ob im Vergleich zu NZO

Abkürzungsverzeichnis

Allgemeine Abkürzungen

+CH	*fat enriched diet with carbohydrates*
®	*Registered Trade Mark*
4-AAP	4-Aminoantipyrin
Abb.	Abbildung
ad	auf
ADA	*American Diabetes Association*
AG	auf Gegenseitigkeit
AGE	*advanced glycation endproduct*
AMP	Adenosinmonophosphat
APS	Ammoniumperoxodisulfat
ATP	Adenosintriphosphat
B6	C57Bl/6
BCA	Bicinchonsäure
bHLH	*basic helix-loop-helix*
BSA	*bovine serum albumin*
Ca	Calcium
cAMP	*cyclic AMP*
cDNA	*copy DNA*
-CH	*no carbohydrate, fat enriched die*t
CO_2	Kohlenstoffdioxid
DAB	Diaminobenzidin
DAVID	*Database for Annotation, Visualization and Integrated Discovery*
db/db	C57BL/KsJ$^{db/db}$
ddH_2O	doppelt destilliertes Wasser
dH_2O	destilliertes Wasser
DIAB	Experimentelle Diabetologie
DIfE	Deutsches Institut für Ernährungsforschung
DMEM	*Dulbecco's Modified Eagle Medium*
DNA	*desoxyribonucleic acid*
dNTP	Desoxyribonucleosidtriphosphat
dsDNA	doppelsträngige DNA
DSHB	*Developmental Studies Hybridoma Bank*
DTT	Dithiothreitol
EDTA	*ethylendiaminetetraacetic acid*
EGTA	*ethylene glycol tetraacetic acid*
ELISA	*enzyme-linked immunosorbent assay*
ER	Endoplasmatisches Retikulum
ERAD	*ER-associated degradation*
ESPA	Natrium-N-ethyl-N-(3-sulfopropyl)-m-Anisidin
ETOX	Ernährungstoxikologie
Fa.	Firma
FCS	*fetal calf serum*
G1P	Glucose-1-phosphat
GmbH	Gemeinschaft mit beschränkter Haftung
GSIS	Glucose-stimulierte Insulinsekretion
GTP	Guanosintriphosphat
GWA	*genome wide association study*
H_2O	Wasser
H_2O_2	Wasserstoffperoxid
HBSS	*Hank's Buffered Salt Solution*
HCl	Salzsäure
HEPES	2-(4-(2-Hydroxyethyl)-1-piperazinyl)-ethansulfonsäure

Abkürzungsverzeichnis

HRPO	*horseradish peroxidase*
IgG	Immunglobulin G
Inc.	*incorporated*
IR	Insulinrezeptor
KCl	Kaliumchlorid
KEGG	*Kyoto Encyclopedia of Genes and Genomes*
KH_2PO_4	Kaliumhydrogenphosphat
KO	*knockout*
LADA	*late onset autoimmunity diabetes in the adult*
LC-CoA	*long chain fatty acyl-conenzyme A*
LDL	*low density lipoprotein*
mAb	*monoclonal antibody*
MEHA	3-Methyl-N-ethyl-N-(β-Hydroxyethyl)-Anilin
$MgCl_2$	Magnesiumchlorid
MIN6	*mouse insulinoma, subclone 6*
MNT	*medical nutrition therapy*
MODY	*maturity onset diabetes of the young*
MRL	Max-Rubner-Laboratorium
Na_2HPO_4	Natriumhydrogenphosphat
Na_3VO_4	Natriumorthovanadat
$Na_4P_2O_7$	Natriumpyrophosphat
NaCl	Natriumchlorid
NADPH	Nicotinamid-adenin-dinukleotid-phosphat
NaF	Natriumfluorid
NEFA	*non-esterified fatty acids*
NFQ-MGB	*non-fluorescent quencher - minor groove binding molecule*
NGS	*normal goat serum*
NH_4Cl	Ammoniumchlorid
NIH	*National Institutes of Health*
NZO	*New Zealand Obese*
ob/ob	B6.V-Lep$^{ob/ob}$
OD	Optische Dichte
OPD	o-Phenylendiamin-Dihydrochlorid
p-	phospho-
PA	Palmitat
PAGE	*sodium dodecylsulfate polyacrylamid gel electrophoresis*
PBS	*phosphate buffered saline*
PCR	*polymerase chain reaction*
POD	Peroxidase
PUFA	*poly unsaturated fatty acid*
PVDF	Polyvinylidendifluorid
qRT-PCR	*quantitative real time polymerase-chain-reaction*
QTL	*quantitative trait loci*
RIN	*RNA integrity number*
RNA	*ribonucleic acid*
ROS	*reactive oxygen species*
RPMI	*Roswell Park Memorial Institute*
rRNA	*ribosomal ribonucleic acid*
RT	Raumtemperatur
SDS	*sodium dodecylsulfate*
SEM	*standard error of the mean*
siRNA	*small interfering RNA*
T1D	Typ-1-Diabetes
T2D	Typ-2-Diabetes
TBS	*Tris-buffered saline*

Abkürzungsverzeichnis

TdT	terminal desoxynucleotidyl transferase
TEMED	N',N',N',N'-Tetramethyl-1,2-diamin
TLR	toll like receptors
TM	trademark
TMB	3,3',5,5'-Tetramethylbenzidin
Tris	Tris(hydroxymethyl)-aminomethan
Tu	Tunicamycin
TUNEL	TdT-mediated dUTP-biotin nick end labeling
üN	über Nacht
UPR	unfolded protein response
USA	United States of America
UV/Vis	Ultraviolett / Visuell
vs.	versus
ZDF	Zucker Diabetic Fatty

Bezeichnungen von Genen und Proteinen

4E-BP1	eukaryotic translation initiation factor 4E binding protein 1
ACOD	Acyl-CoA-Oxidase
ACS	Acyl-CoA-Synthetase
AKT	thymoma viral proto-oncogene 1
AMPK	AMP-aktivierte Proteinkinase
ASK1	apoptosis signal-regulating kinase 1
ATF	activating transcription factor
Bcl	B cell leukemia 2
BETA2	beta-cell E-box transcriptional activator 2
cAMP-GEFII	cAMP guanine nucleotide exchange factor-II
CDK	cycline-dependent kinase
Cdkn1a	cycline-dependent kinase inhibitor 1A
CHOP	C/EBP homologous protein 10
CKI	cycline-dependent kinase inhibitor
Cn	Calcineurin-Phosphatase
CP-H	Carboxypeptidase-H
CPT1	Carnitin-Palmityl-transferase 1
E2A	transcription factor 3
EGF	epidermal growth factor
EGFR	epidermal growth factor receptor
eIF2α	Eukaryotic initiation factor 2A
ERK1/2	extracellular regulated kinase 1/2
FoxA2	forkhead box A2
FoxM1	forkhead box M1
FoxO1	forkhead box O1
GADD45α	growth arrest and DNA-damage-inducible 45α
GAPDH	Glyceraldehyd-3-phosphat Dehydrogenase
GIP	Glucose-abhängiges insulinotropes Peptid
GLP-1	glucagon-like peptide 1
GLUT2	Glucosetransporter 2
GLUT4	Glucosetransporter 4
GPR40	G-protein coupled receptor 40
(FFAR1)	(free fatty acid receptor 1)
GSK	glycogen synthase kinase
HDAC	histone deacetylase
HIPK2	homeodomain interacting protein kinase 2
ICDc	Isocitratdehydrogenase

Abkürzungsverzeichnis

IGF	insulin-like growth factor
IGF-1R	insulin-like growth factor 1 receptor
IL	Interleukin
ILDR2	immunoglobulin-like domain containing receptor 2
IRE1K	inositol requiring 1 kinase
IRS	insulin receptor substrate
Jak2	Janus Kinase 2
JNK	c-jun NH2-terminal kinase
Ki-67	antigen identified by monoclonal antibody Ki-67
MafA	musculoaponeurotic fibrosarcoma oncogene family protein A
MAPK	mitogen-activated protein kinase
ME	Malatenzym
NFAT	nuclear factor of activated T-cells
Nix	NIP3-like protein X
Nkx2.2	NK2 transcription factor related, locus 2
Nkx6.1	NK6 transcription factor related, locus 1
NmUR2	Neuromedin-U-Rezeptor-2
nPKC	novel protein kinase C
OGT	O-linked GlcNac transferase
p18	cyclin-dependent kinase inhibitor 2C
p27	cyclin-dependent kinase inhibitor 1B
p300	histone acetyltransferase p300
p53	transformation related protein 53
PASK	Per-Arnt-Sim-Kinase
Pax-4	paired box gene 4
PC	Pyruvatcarboxylase
PC1/2/3	Prohormonkonvertase 1/2/3
PCNA	proliferating cell nuclear antigen
PDK	3-Phosphoinositide dependent protein kinase
PDX1	pancreatic and duodenal homeobox 1
PERK	PRKR-like endoplasmatic reticulum kinase
PGC-1α	PPARγ-coactivator-1α
PI3K	phosphoinositide-3-kinase
PKA	Proteinkinase A
Pml	promyelocytic leukemia protein
PPARG	peroxisome proliferator-activated receptor γ
PPIA	peptidylprolyl isomerase A
PRL	Prolactin
PTB1B	protein tyrosine phosphatase 1B
PTEN	phosphatase and tensin homologue
PUMA	p53 upregulated modulator of apoptosis
RIM1	Rab3A-interacting molecule-1
SHC2	Src homology 2 domain containing transforming protein 2
SHIP2	SH-2 containing inositol 5'-phosphatase
Sirt1	Sirtuin 1
SORCS1	sortilin-related VPS10 domain containing receptor 1
SREBP-1c	sterol regulatory element binding protein-1c
Stat5	signal transducer and activator of transcription 5
TAg	SV40 large T oncoprotein
TNFα	tumor necrosis factor α
TRAF2	TNF receptor-associated factor 2
UCP2	uncoupling protein 2

Abkürzungsverzeichnis

Einheiten

%	Prozent
°C	Grad Celsius
µg	Mikrogramm
µl	Mikroliter
d	Tage
g	Gramm
h	Stunde
kcal	Kilokalorie
M	Molar
mA	Milliampere
Min	Minute(n)
ml	Milliliter
mM	Millimolar
mm^2	Quadratmillimeter
nm	Nanometer
nM	Nanomolar
pg	Picogramm
pH	negativer dekadischer Logarithmus der Wasserstoffionenkonzentration
pM	Picomolar
rpm	*rounds per minute*
s	Sekunde(n)
U	*Units*
v/v	*volume per volume*
W	Watt
w/w	*weight per weight*

EINLEITUNG

1 Einleitung

1.1 Der Diabetes mellitus

1.1.1 Definition und Klassifikation des Diabetes

Unter der Bezeichnung *Diabetes mellitus* werden mehrere heterogene Störungen des Stoffwechsels zusammengefasst, deren Leitbefund eine Hyperglykämie ist. Im engeren Sinne versteht man darunter Defekte in der Insulinsekretion des Pankreas, eine verminderte Wirkung des Insulins oder beides. Neben der Hyperglykämie sind typische Symptome der Erkrankung eine Polyurie, Polydipsie sowie ein Gewichtsverlust. Weitere damit assoziierte Langzeitfolgen sind z.b. Retinopathien, Nephropathien und Neuropathien sowie eine erhöhte Inzidenz für kardiovaskuläre Erkrankungen und Bluthochdruck. Im schlimmsten Fall müssen Amputationen von Gliedmaßen aufgrund von Ulzerationen vorgenommen werden (ADA, 2011; Kerner and Brückel, 2008). Die Klassifikation des Diabetes erfolgt nach den zu Grunde liegenden pathogenetischen Mechanismen (Kuzuya und Matsuda, 1997). Aktuell werden vier Hauptgruppen unterschieden, die den Diabetes mellitus Typ-1, den Typ-2-Diabetes, Gestationsdiabetes und weiteren spezifischen Formen wie LADA (*late onset autoimmunity diabetes in the adult*) oder MODY (*maturity onset diabetes of the young*) beinhalten (Kerner and Brückel, 2008).

Typ-1-Diabetes (T1D) tritt mit einer Häufigkeit von 5 – 10 % auf und entsteht durch eine Zerstörung der β-Zellen durch Autoimmunreaktionen. Als Marker für T1D gelten Autoantikörper gegen Insulin, GAD65 oder gegen die Tyrosinphosphatase IA-2 und IA-2β (Medici et al., 1999). Die Zerstörung der β-Zellen beim T1D ist unter anderem genetisch prädisponiert, wobei Umwelteinflüsse ebenfalls eine Rolle spielen können. Ein kleiner Teil der T1D-Patienten zeigt einen Verlust von β-Zellen ohne immunologische Reaktionen (idiopathischer T1D). Die Ätiologie dieses Phänomens ist nahezu unbekannt. Tritt ein T1D erst im Erwachsenenalter auf, spricht man von einem *late onset autoimmunity diabetes in the adult* (LADA) (ADA, 2011).

Der Typ-2-Diabetes (T2D) ist mit 90 – 95 % die weltweit häufigste Form des Diabetes und ist charakterisiert durch eine phänotypische Variabilität mit unterschiedlich schwer ausgeprägten Störungen der Insulinwirkung und -sekretion. Die Pathogenese des T2D beginnt mit einer Insulinresistenz, die häufig aus einer Adipositas resultiert. Über Jahre hinweg wird die Insulinresistenz durch eine Hyperinsulinämie kompensiert. Ist dies nicht mehr möglich, tritt ein gradueller Blutzuckeranstieg ein, der über einen relativen Insulinmangel in einen absoluten Insulinmangel münden kann. Das Risiko für T2D nimmt mit dem Alter sowie mit dem Körpergewicht und einer mangelnden Fitness zu (ADA, 2012).

EINLEITUNG

Lediglich bei 1 – 4 % aller Schwangerschaften tritt ein Gestationsdiabetes auf, der alle Formen von Glucoseintoleranz während der Schwangerschaft beinhaltet. Die Ursache dafür sind häufig Schwangerschaftshormone, die die Wirkung des Insulins herabsetzen. Wie beim T1D und T2D variiert der Schweregrad dieser Diabetesform in Abhängigkeit einer genetischen Prädisposition (ADA, 2012). Weitere spezifische Formen des Diabetes wie MODY (*maturity-onset diabetes of the young*) treten mit hoher Seltenheit auf und sind assoziiert mit monogenen Defekten der β-Zelle, die zu einer verminderten Insulinsynthese und –sekretion führen (ADA, 2012; Byrne et al., 1996; Herman et al., 1994).

1.2 Pathogenese des Typ-2-Diabetes

Der Typ-2-Diabetes ist charakterisiert durch die Kombination von Insulinresistenz, einer mangelhaften Insulinsekretion sowie einer Störung in der Glucoseaufnahme peripherer Gewebe (DeFronzo, 2004). Die Ursachen dafür sind vielfältig und ergeben sich aus exogenen Faktoren wie dem Lebensstil (Ernährung, körperliche Bewegung), sowie einer genetisch bedingten Komponente (Stumvoll et al., 2005).

1.2.1 Die Rolle der Ernährung

Eine Adipositas, ausgelöst durch falsche Ernährung und verminderter körperlicher Aktivität, gilt als Risikofaktor für einen T2D (Hu et al., 2001). Aus diesem Grund ist das Ziel der Diabetesbehandlung die Reduktion des Körpergewichts durch Aufnahme hypokalorischer, fettarmer Nahrung (*medical nutrition therapy,* MNT) (Pan et al., 1997; Viswanathan et al., 1997). Neben dem Energiegehalt spielt ferner die Zusammensetzung der Nahrung aus Makronährstoffen eine Rolle bei der Entstehung des T2D. Mehrere Humanstudien konnten zeigen, dass eine langfristige Aufnahme fettreicher Nahrung nachteilige Effekte auf die Insulinsensitivität hat (Bisschop et al., 2001). Dass aber auch die Art des Fettes die Entstehung von Insulinresistenz und T2D modulieren kann, zeigen weiter zurück liegende Studien. Eine kohlenhydratarme Diät mit hohem Anteil ungesättigter Fettsäuren hatte bei Diabetikern eine Verbesserung der Insulinresistenz zur Folge (Garg et al., 1988). Spätere Untersuchungen haben beispielsweise ergeben, dass ein hoher Gehalt an *trans*-Fettsäuren in der Nahrung das T2D-Risiko erhöht (Clandinin und Wilke, 2001; Riserus et al., 2002), während mehrfach ungesättigte Fettsäuren (*poly unsaturated fatty acids,* PUFAs), besonders n-3 PUFAs, in geeigneter Menge das T2D-Risiko senken (Segal-Isaacson et al., 2001). Wird unter isokalorischen Bedingungen der Fettanteil in der Nahrung durch Kohlenhydrate substituiert, wird zwar die Insulinresistenz verringert, aber postprandiale Blutzucker- und Insulinspiegel werden erhöht (Garg et al., 1994).

EINLEITUNG

Dieses Beispiel zeigt, dass die Kombination verschiedener Nahrungsbestandteile in ihrer biologischen Wirkung sehr heterogen ist und damit Einfluss auf die Insulinproduktion und Wirkung nimmt (Costacou und Mayer-Davis, 2003). Bei diabetessuszeptiblen Mausmodellen wie der New Zealand Obese (NZO) oder C57BL/KsJ-*Lep$^{db/db}$*- Maus konnte ein T2D nur durch völlige Kohlenhydratrestriktion abgewendet werden (Jürgens et al., 2007; Leiter et al., 1983). Den ungünstigen Auswirkungen verdaulicher Kohlenhydrate stehen die Ballaststoffe gegenüber. In mehreren Kohorten-Studien wurde gezeigt, dass insbesondere die Aufnahme von Ballaststoffen in Form von Cerealien das Diabetesrisiko vermindert (Meyer et al., 2000; Salmeron et al., 1997).

1.2.2 Adipositas und Insulinresistenz als Hauptursache für Typ-2-Diabetes

Von Insulinresistenz spricht man, wenn die Insulin-vermittelte Aufnahme von Glucose in Muskel- und Fettzellen vermindert ist bzw. die hepatische Glucosefreisetzung nur noch unzureichend durch Insulin inhibiert wird (Stumvoll et al., 2005). Insulinresistenz steht in enger Assoziation mit Adipositas, wobei die verringerte Insulinwirkung durch veränderte Konzentrationen zirkulierender Hormone, Cytokine und freie Fettsäuren (*non-esterified fatty acids*, NEFA) ausgelöst wird (Boden, 1997). Zur Kompensation der Insulinresistenz werden erhöhte Mengen Insulin sezerniert. Durch diesen Prozess kann die Glucosehomöostase für eine begrenzte Zeit aufrechterhalten werden, jedoch trägt die Hyperinsulinämie zur weiteren Verschlechterung der Insulinresistenz bei (Kahn, 2003). Dieser Teufelskreis führt dazu, dass das Gleichgewicht zwischen β-Zellfunktion und peripherer Insulinresistenz gestört wird und mündet in einer Hyperglykämie mit β-Zelluntergang (manifester T2D). Die molekularen Ursachen für die Insulinresistenz sind vielfältig aber lassen sich größtenteils auf Störungen im Insulinrezeptor-Signalweg zurückführen. Insbesondere nPKCs (*novel protein kinase C*) wie PKCθ und PKCε sollen die Insulinrezeptorexpression bei Anwesenheit von freien Fettsäuren vermindern (Dey et al., 2006). Speziell PKCδ soll durch Serin-Phosphorylierung des Insulinrezeptors eine Autophosphorylierung der Tyrosinreste bei Insulinbindung verhindern, wodurch keine Insulin-stimulierte GLUT4-Translokation und Glucoseaufnahme stattfinden kann (Strack et al., 1997). Neben den PKCs wurde berichtet, dass Insulinresistenz über die Fettsäure-vermittelte Aktivierung von PTB1B (*protein tyrosine phosphatase 1B*) auftritt, weil dieses die Insulin-stimulierte Tyrosin-Phosphorylierung des Insulinrezeptors aufhebt (Zinker et al., 2002). Weiterhin wird den Proteinphosphatasen PTEN (*phosphatase and tensin homologue*) und SHIP2 (*SH-2 containing inositol 5'-phosphatase 2*) eine Rolle bei der Fettsäure-induzierten Insulinresistenz zugesprochen, weil diese den Insulinrezeptor/IRS/PI3K/AKT-Signalweg durch Dephosphorylierungen in Muskel- und Leberzellen beeinträchtigen (Butler et al., 2002; Clement et al., 2001). Die bei Insulinresistenz unzureichende Inhibition der hepatischen Glucosefreisetzung wird ferner durch eine mangelnde

EINLEITUNG

Inaktivierung der GSK3 (*glycogen synthase kinase 3*) ausgelöst, was wiederum dazu führt, dass die Glykogensynthase nicht durch Insulin aktiviert werden kann (Schinner et al., 2005). Neben freien Fettsäuren wird proinflammatorischen Zytokinen wie TNFα oder IL-6 aus vornehmlich viszeralem Fettgewebe eine inhibitorische Wirkung auf den IR-Signalweg in peripheren Geweben zugesprochen (Schinner et al., 2005). Versuche mit Muskel- und Fettzelllinien konnten auch zeigen, dass Insulinresistenz über die Bindung von Fettsäuren an TLRs (*toll-like receptors*) vermittelt wird. Diese Bindung führt dazu, dass innerhalb der Zelle inflammatorische Signalwege aktiviert werden, die den Insulin-Signalweg unterbrechen (Senn, 2006; Song et al., 2006).

1.2.3 β-Zelldysfunktion aufgrund von Glucose- und Lipidtoxizität

In der dekompensatorischen Phase der T2D-Pathogenese tritt eine β-Zelldysfunktion ein, die durch eine verminderte Insulinsynthese und Insulinsekretion sowie durch eine progrediente Zerstörung der β-Zellen gekennzeichnet ist (DeFronzo, 2004). Allen voran wird dieser Prozess durch die negativen Auswirkungen einer Hyperglykämie (Glucosetoxizität), einer chronischen Dyslipidämie (Lipidtoxizität) sowie einer Kombination aus beidem ausgelöst (Poitout und Robertson, 2002; Robertson et al., 2007; Unger, 1995). Die dafür zu Grunde liegenden Mechanismen lassen sich hauptsächlich mit dem Verlust von Insulingentranskriptionsfaktoren (Olson et al., 1993; Poitout et al., 1996; Sharma et al., 1995), einem abweichenden intrazellulärem Energiestoffwechsel, oxidativem Stress sowie mitochondrialen Fehlfunktionen (Kim und Yoon, 2011) zusammenfassen.

Lipidtoxizität beschreibt die negativen Auswirkungen hoher Fettsäurespiegel auf die β-Zellfunktion. Aufgrund einer Vielzahl verschiedener Fettsäuren muss zwischen positiven und negativen Auswirkungen unterschieden werden. Gesättigte Fettsäuren (z.B. Palmitat) gelten als toxisch, während ungesättigte (z.B. Oleat) protektiv gegen β-Zellversagen wirken (Kim und Yoon, 2011; Poitout et al., 2010). Neben freien Fettsäuren wird auch der Cholesterolstoffwechsel als Auslöser von Lipidtoxizität genannt. Speziell die Aufnahme von LDL (*low density lipoprotein*)-Partikeln in die β-Zelle und ihre Oxidation beeinträchtigen die Insulinexpression und können eine Apoptose auslösen (Cnop et al., 2002).

Insbesondere die Kombination aus Glucose- und Lipidtoxizität (Glucolipotoxizität) wird in den letzten Jahren als Hauptursache für Fehlfunktionen bzw. den Untergang von β-Zellen diskutiert. Dieses Gebiet wurde zwar schon umfassend untersucht, jedoch fehlen noch viele Details, die eine zusammenfassende Aussage zuließen.

Ein Mechanismus, der relativ gut erforscht ist, beinhaltet die Akkumulation langkettiger Acyl-CoA-Ester (LC-CoA, *long chain fatty acyl-coenzyme A*) im Cytosol von β-Zellen, weil über einen gesteigerten Glucosestoffwechsel vermehrt Malonyl-CoA entsteht, das die CPT1 (Carnitin-Palmityl-

EINLEITUNG

Transferase-1) und somit die Aufnahme der LC-CoAs in die Mitochondrien hemmt. Da eine Dyslipidämie zu einer vermehrten Fettsäureaufnahme in den β-Zellen führt, werden auf diese Weise zusätzlich LC-CoAs akkumuliert (Prentki und Corkey, 1996; Prentki et al., 2002). LC-CoAs werden weiter zu toxischen Ceramiden bzw. Triglyceriden verstoffwechselt, die eine beeinträchtige Insulinsekretion sowie β-Zellapoptose auslösen (Kelpe et al., 2002; Shimabukuro et al., 1998). Die Anhäufung von Triglyceriden in der β-Zelle wird zusätzlich durch die Palmitat-stimulierte Aktivierung der AMPK (AMP-aktivierte Proteinkinase), welche über SREBP-1c (*sterol regulatory element binding protein-1c*) eine erhöhte Lipogenese bewirkt, gefördert (Wang et al., 2007).

In den letzten Jahren wurde dem unter Punkt 1.2.2 beschriebenem PKCε erhöhte Aufmerksamkeit geschenkt. Ausgelöst durch Glucolipotoxizität soll PKCε in der β-Zelle eine beeinträchtigte Insulinsekretion bewirken, die durch das Ausschalten dieses Proteins wieder aufgehoben werden kann (Schmitz-Peiffer et al., 2007). Glucolipotoxizität nimmt weiterhin Einfluss auf die Exocytose der Insulingranula. Die durch Palmitat ausgelöste Aktivierung der SREBP-1c hat zur Folge, dass die Expression von Granuphilin, einem Effektor des GTP-bindenden Proteins Rab27a erhöht wird, wodurch das Ankoppeln der Insulingranula an der Plasmamembran bei hohen Glucose-konzentrationen erschwert ist (Kato et al., 2006).

Neben einer gestörten Insulinsekretion bei Glucolipotoxizität gilt eine Beeinträchtigung der Insulinexpression als Hauptursache für die β-Zelldysfunktion. Dabei sollen Fettsäuren nicht zwingend die Insulin-mRNA verändern, aber eine Glucose-stimulierte Promotoraktivität inhibieren, indem die Bindung von Transkriptionsfaktoren wie PDX1 (*pancreatic and duodenal homeobox 1*) oder MafA (*v-maf musculoaponeurotic fibrosarcoma oncogene family, protein A*) verringert wird (Hagman et al., 2005; Kelpe et al., 2003). Dieser Mechanismus soll einerseits über die Verstärkung der Glucose-stimulierten ERK1/2 (*extracellular-regulated kinase 1/2*)-Expression durch Palmitat ausgelöst werden. Andererseits wurde gezeigt, dass Fettsäuren die Aktivität der PAS-Kinase (*Per-Arnt-Sim-Kinase, PASK*) blockieren, wodurch wiederum die Aktivität des insulingenspezifischen Transkriptionsfaktors PDX1 gehemmt wird (Fontes et al., 2009).

Zusätzlich zur beeinträchtigten Insulinsynthese sowie –sekretion kann Glucolipotoxizität die Apoptose von β-Zellen auslösen (El-Assaad et al., 2003). Näheres dazu soll unter dem Punkt 1.4 ausgeführt werden.

1.2.4 Genetische Ursachen des Diabetes-Typ-2

Der T2D ist eine komplexe Erkrankung, die aus einer Kombination von Umweltfaktoren und multiplen genetischen Faktoren resultiert. Die Heredität dieser Erkrankung wird deutlich, wenn man die hohe Inzidenz zwischen Verwandten betrachtet. Bei Verwandten ersten Grades beträgt die Inzidenz des

EINLEITUNG

Diabetes bis zu 25 % (Pierce et al., 1995). Bezogen auf eine gestörte Glucosetoleranz wird bei eineiigen Zwillingspaaren sogar eine Wahrscheinlichkeit von bis zu 88 % angegeben (Henkin et al., 2003).

Die genetische Suszeptibilität des T2D beim Menschen wird durch eine hohe Zahl von Genvarianten und Loci bestimmt. Von diesen genetischen Prediktoren sind zurzeit über 30 Gene mit Hilfe von genomweiten Assoziationsstudien (GWAs) identifiziert worden, die mit T2D assoziieren. Lediglich 10 % der Heredität des T2D kann durch diese Gene erklärt werden, wobei sich die Assoziation nur auf eine β-Zelldysfunktion aber nicht auf eine Insulinresistenz bezieht (Herder und Roden, 2011).

Unter den identifizierten Genen wurden zwei durch Kopplungsanalysen identifiziert (Ahlqvist et al., 2011). Der Transkriptionsfaktor TCF7L2 (*transcription factor 7-like 2, TCF7L2*) zeigt dabei die stärkste Assoziation mit der Erkrankung T2D (Grant et al., 2006). Der Mechanismus, durch den *TCF7L2* Einfluss auf die T2D-Entstehung nimmt, ist nur wenig verstanden. Bekannt ist lediglich, dass SNPs innerhalb des *TCF7L2* verantwortlich für eine gesteigerte hepatische Glucosefreisetzung bzw. für eine Abschwächung der Inkretinwirkung (GLP-1) auf die Inseln sind (Lyssenko et al., 2007). *CAPN10* (Calpain 10) wurde ebenfalls durch Kopplungsanalyse als Risikogen identifiziert. Hierbei handelt es sich um eine Cystein-Protease mit größtenteils unbekannter Funktion im Glucosemetabolismus (Horikawa et al., 2000). Von den weiteren durch GWAs identifizierten Risikogenen sind *PPARG* (*peroxisome proliferator-activated receptor gamma*), *IRS1* (*insulin receptor substrate 1*), *KCNJ11* (*potassium inwardly-rectifying channel, subfamily J, member 11*), *WSF1* (*wolfram syndrom 1*), *HNF1A* (*HNF homeobox A*) und *HNF1B* (*HNF homeobox B*) zu nennen.

In der Maus wurden in der Vergangenheit ebenfalls intensive Anstrengungen unternommen, um Diabetes-assoziierte Gene zu identifizieren. Kürzlich wurden einige Diabetesgene wie *Sorcs1*, *Ildr2* oder *Zfp69* positionell kloniert (Clee et al., 2006; Dokmanovic-Chouinard et al., 2008; Scherneck et al., 2009). Wie beim Menschen tragen diese Gene nur zu einem kleinen Teil zur Entstehung des T2D bei, womit die Komplexität dieser Erkrankung unterstrichen wird (Das und Elbein, 2006).

1.3 Modellsysteme zur Erforschung des Typ-2-Diabetes

1.3.1 Mausmodelle

Die Pathogenese des T2D ist ein komplexer Prozess, der mehrere Gewebe des Körpers einschließt. Zur Erforschung dieser Erkrankung besteht daher die Notwendigkeit des Einsatzes von Modellorganismen. Aus praktischen und ethischen Gesichtspunkten ist die Verwendung großer Säugetiere für die Erforschung des T2D limitiert, weshalb sich die Anwendung von Ratten- und Mausstämmen etabliert hat (Srinivasan und Ramarao, 2007). Insbesondere bieten Mäuse eine Reihe

EINLEITUNG

von Vorteilen, weil sie kostengünstig und platzsparend zu halten sind und zudem schnelle Generationsfolgen und große Wurfgrößen aufweisen (Peters et al., 2007). Wie beim Menschen beruht die Entstehung des T2D in der Maus auf einem heterogenen Ursachenmuster. Nützlich sind daher die mittlerweile unzähligen Inzuchtstämme und Linien, die einen ähnlichen genetischen Hintergrund wie ein Mensch mit T2D aufweisen können. Die T2D-Mausstämme werden nach ihrem genetischem Ursprung (monogen / polygen), diätetischer, chemischer und chirurgischer Induktion sowie nach Transgenität klassifiziert (Srinivasan und Ramarao, 2007).

1.3.1.1 Die *New Zealand Obese* (NZO)-Maus

Eine in der vorliegenden Arbeit verwendete Maus ist die NZO-Maus. Ihren Ursprung hat diese Inzuchtlinie in der *Otago Medical School* in Neuseeland, die aus einer Verpaarung *agouti*-farbener Tiere hervorging, die von der 12. bis zur 17. Generation auf das Merkmal Adipositas selektiv weiterverpaart wurden (Bielschowsky und Goodall, 1970). Die NZO-Maus stellt ein Modell für das polygene metabolische Syndrom mit Adipositas, Typ-2-Diabetes und Bluthochdruck dar (Jürgens et al., 2006; Ortlepp et al., 2000). Die Adipositas der Tiere resultiert aus einer Kombination von Hyperphagie (Leptinresistenz) und einem reduzierten Energieumsatz (Igel et al., 1997). Eine Ursache für die Hyperphagie dieser Tiere ist eine Variante des *NmuR2* (Neuromedin-U-Rezeptor-2), die zu einer verminderten Bindungsaffinität des anorexigenen Peptids Neuromedin-U führt (Schmolz et al., 2007). Speziell die Entstehung einer ausgeprägten Hyperglykämie bzw. Hypoinsulinämie in Verbindung mit einem β-Zelluntergang machen die Maus interessant für die Untersuchung von Mechanismen des β-Zelluntergangs (Crofford und Davis, 1965; Herberg und Coleman, 1977). Eine Ursache für die Ausbildung eines T2D in der NZO-Maus haben Thorburn und Andrikopoulos mit Kollegen beschrieben. Aufgrund einer Regulationsstörung der Fructose-1,6-bisphosphatase in der Leber ist die Glycogensynthaseaktivität bei gleichzeitig gesteigerter Gluconeogenese reduziert (Andrikopoulos et al., 1993; Thorburn et al., 1995). Eine bemerkenswerte Eigenschaft der NZO-Maus und anderer diabetessuszeptibler Mausstämme ist die Vermeidung einer Hyperglykämie mit β-Zelluntergang bei vollständiger Kohlenhydratrestriktion (Jürgens et al., 2007; Kluth et al., 2011; Mirhashemi et al., 2008). Dieses Charakteristikum wurde in der vorliegenden Arbeit genutzt, um nach initialer Kohlenhydratrestriktion durch anschließende Kohlenhydratgabe eine rasche Entwicklung eines T2D mit β-Zelluntergang auszulösen.

1.3.1.2 Die B6.V-$Lep^{ob/ob}$-Maus

Die homozygote B6.V-$Lep^{ob/ob}$-(ob/ob) Maus zeichnet sich, wie die NZO-Maus, durch eine starke Adipositas aus. Diese Eigenschaft wurde bereits 1950 von Ingalls und Kollegen entdeckt, die dieses

EINLEITUNG

Merkmal von einem Auszuchtstamm durch Kreuzung auf die C57BL-Maus übertrugen (Ingalls et al., 1950). Weitere Untersuchungen dieser Maus ergaben, dass homozygote Alleltrager infertil sowie kälteintolerant sind. Die Ursache für die Hyperphagie und Adipositas dieser Tiere wurde Anfang der 90er Jahre durch Friedman und Kollegen identifiziert. Eine homozygot vererbte Mutation im Leptingen (*Lep*) führt zu einem Mangel an funktionellem Leptin und dadurch zu einer Hyperphagie sowie Adipositas (Zhang et al., 1994). Neben der Adipositas weisen die Tiere eine Hyperinsulinämie auf, was sie vor der Ausbildung eines Typ-2-Diabetes schützt. Lediglich transiente Hyperglykämien wurden nach einer Mahlzeitaufnahme beobachtet (Garthwaite et al., 1980). Eine Auffälligkeit dieses Tiermodells ist ihre enorme Inselzahl und -masse, was sie als Modell zur Untersuchung der β-Zelle interessant macht (Carter et al., 2009). Wird die ob-Mutation jedoch auf normalerweise schlanke nicht-diabetische C57BL/KsJ-Mäuse übertragen, werden diese adipös und leiden an einem Diabetes mit β-Zelluntergang (Bell und Hye, 1983). Dieses Beispiel zeigt, dass das Vorhandensein diabetogener Allele maßgeblich entscheidend für die Manifestation des T2D ist.

1.3.2 Zellmodelle

Zelllinien bieten eine tierversuchsfreie Möglichkeit physiologische bzw. pathophysiologische Mechanismen des T2D zu untersuchen. Das größte Anwendungsgebiet betrifft die Untersuchung von Auswirkungen verschiedener Behandlungen. Weiterhin kann durch genetische Manipulation (Transfektion) der Zellen die Rolle verschiedenster Proteine untersucht werden (Ulrich et al., 2002). Der Vorteil vieler Zelllinien ist die Reproduzierbarkeit von Ergebnissen. Jedoch wird die teilweise abweichende Genetik und Physiologie zu den entsprechenden Primärzellen als nachteilig angesehen (Skelin et al., 2010). Um immortalisierte Zelllinien zu generieren, muss die natürliche Seneszenz von Primärzellen überwunden werden. Dazu ist eine Reihe von Methoden etabliert, die eine Transformation von Primärzellen zu einer Tumorzelllinie ermöglichen. Vielfach wurde die Bestrahlung (Gazdar et al., 1980) und die virale Infektion eingesetzt. Für letztgenannte Methode hat sich die virale Expression des *SV40 large T oncoprotein* (TAg) durchgesetzt (Efrat et al., 1988). Dieses beeinträchtigt die Wirkung von Tumorsuppressoren wie p53, p300 und weiteren zellulären Faktoren wie Cdkn1a (*cyclin-dependent kinase inhibitor 1A*) und ermöglicht dadurch die Transformation in eine Tumorzelllinie (Ali und DeCaprio, 2001). Die am häufigsten eingesetzten β-Zelllinien sind RINm, INS-1, HIT, βTC1 und die MIN-Zellen (Skelin et al., 2010).

1.3.2.1 Die MIN6-Zelle

Die in der vorliegenden Arbeit eingesetzte Zelllinie war MIN6 (*mouse insulinoma cell line 6*). Diese Linie hat ihren Ursprung in transgenen C57BL/6-Mäusen, die durch virale Infektion das SV40-TAg trugen und auf diese Weise Insulinome bildeten. Die aus einem Tumor isolierten MIN6-Zellen sind in der Lage, Insel-ähnliche Strukturen zu bilden, exprimieren den Glucosetransporter 2 (GLUT2), die Glukokinase und in hohem Maße Insulin (Miyazaki et al., 1990). Untersuchungen zur Fähigkeit von MIN6-Zellen bezüglich einer Glucose-stimulierten Insulinsekretion (GSIS), Glucosetransport und -metabolismus haben die Ähnlichkeit zu isolierten Inseln herausgestellt. So zeigen diese Zellen eine um 7-fach gesteigerte GSIS bei Erhöhung der Mediumglucosekonzentration von 5 mM auf 25 mM und halten diese bis 50 mM Glucose aufrecht. Glucose erreicht innerhalb von 15 Sekunden die Zelle und wird mit bis zu 80 % durch die Glukokinase phosphoryliert. Vergleicht man die MIN6-Zellen mit primären β-Zellen, so beinhalten diese etwa 1/5 der Insulinmenge und erreichen zwischen 30 und 70 % der sekretorischen Leistung von Inseln, womit sie im Vergleich zu anderen β-Zelllinien wie βTC-1, HIT-T15 oder RINm5F geeigneter sind (Ishihara et al., 1993). Diese Vorteile wurden in der Vergangenheit vermehrt ausgenutzt, um den Einfluss von Glucose- und Lipidtoxizität auf die β-Zellfunktion zu untersuchen (Furukawa et al., 1999; Ge et al., 2010; Sargsyan und Bergsten, 2011; Thörn und Bergsten, 2010). Aus diesem Grund wurde die MIN6-Zelle in der vorliegenden Arbeit als Referenzmodell genutzt.

1.4 Störungen der β-Zellfunktion

1.4.1 Der Insulin/IGF-1-Rezeptorsignalweg

In peripheren Geweben wie Muskel oder Fettgewebe löst die Bindung des Insulins am Insulinrezeptor eine Signalkaskade aus, die über IRS-Adapterproteine, PI3K (*phosphatidylinositol 3-kinase*), PDK (*3-phosphoinositide-dependent protein kinase*) und PKB/AKT (*protein kinase B*) eine Translokation von GLUT4-Vesikeln zur Plasmamembran initiiert. Über diesen Mechanismus erfolgt eine rasche Energieversorgung der Zellen mit Glucose (Holman und Cushman, 1994). Seid etwa 15 Jahren ist bekannt, dass die β-Zelle über einen nahezu identischen autokrinen *Feedback*-Mechanismus in ihrer Funktion reguliert wird (Leibiger et al., 2008). Die Bedeutung dieses Signalwegs für die β-Zellfunktion wurde unter anderem durch selektive Manipulation einzelner Komponenten hervorgehoben (Kubota et al., 2004; Kulkarni et al., 1999; Tuttle et al., 2001). Neben dem Insulinrezeptor exprimieren β-Zellen eine weitere Tyrosin-Kinase, den IGF-1-Rezeptor (IGF-1R). Dieser wird durch Insulin-ähnliche Wachstumsfaktoren wie IGF-1 aber auch durch hohe Insulinkonzentrationen aktiviert und vermittelt unter anderem dieselbe Signaltransduktion wie der Insulinrezeptor (De Meyts et al., 1994; Yarden und Ullrich, 1988). Durch β-zellspezifische Ablation des IGF-1R und der daraus resultierenden Beeinträchtigung der Glucose-stimulierten Insulinsekretion wurde die Rolle dieses Rezeptors für die β-Zellfunktion herausgestellt (Xuan et al., 2002).

EINLEITUNG

Im Detail löst die Bindung von Insulin bzw. Insulin-ähnlichen Wachstumsfaktoren an den Insulinrezeptoren A und B (IR-A, IR-B) sowie IGF-1R der β-Zelle die intrinsische Tyrosin-Kinase-Aktivität der Rezeptoren aus, die zu einer Autophosphorylierung führt. Dadurch erfolgt eine Tyrosin-Phosphorylierung von Adapterproteinen wie IRS-1/2 (*insulin receptor substrate-1/2*) oder SHC2 (*Src homology 2 domain containing transforming protein*). Nachgeschaltete Effektoren der IRS-Proteine sind die PI3K, die wiederum eine Aktivierung der PDK durch PIP_3 (Phosphatidylinosotol-3,4,5-triphosphat) auslöst. PDK phosphoryliert AKT (Proteinkinase B), welches eine Zentralfunktion in vielen Zelltypen einnimmt. Phosphorylierte AKT in der β-Zelle besitzt anti-apoptotische, mitogene sowie den Metabolismus anregende Funktionen (Abb. 1) (Leibiger et al., 2008).

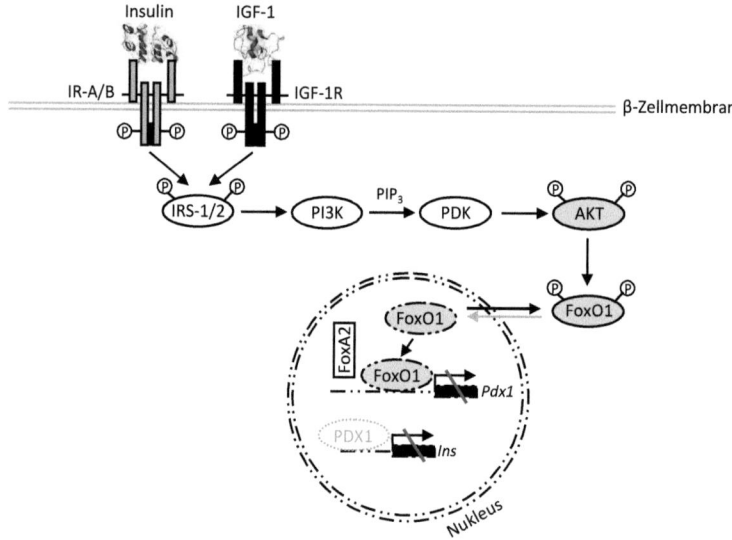

Abb. 1: Der Insulin/IGF-1-Rezeptor-Signalweg. Dargestellt ist ein Teil des Insulin/IGF-1-Rezeptorsignalwegs der β-Zelle. Durch Bindung von Insulin bzw. IGF-1 an die entsprechenden Rezeptoren wird eine Signalkaskade aktiviert, die zu einer Phosphorylierung der AKT führt. Exemplarisch ist die durch AKT gesteuerte Regulation des Transkriptionsfaktors FoxO1 gezeigt, welcher durch Phosphorylierung in das Cytosol transloziert und dadurch die Insulinexpression ermöglicht.

Ein primäres Target der AKT-Kinase ist der Transkriptionsfaktor FoxO1. Diesem Transkriptionsfaktor werden mehrere zum Teil gegensätzliche Funktionen zugeschrieben. Es wird unter anderem diskutiert, dass er eine Rolle bei der Insulinexpression, der β-Zellproliferation sowie bei der Abwehr von Stress spielt. Ebenso wurde gezeigt, dass FoxO1 durch Aktivierung von pro-apoptotischen Genen im Zellkern für den programmierten Zelltod verantwortlich ist. Eine interessante Eigenschaft von FoxO1 ist die Regulation seiner Aktivität durch Phosphorylierung. Unter Normalbedingungen liegt FoxO1 in einer inaktiven, phosphorylierten Form im Cytosol der β-Zellen vor. Bei Dephosphorylierung

EINLEITUNG

transloziert FoxO1 jedoch in den Nukleus und kann dort Zielgene aktivieren bzw. reprimieren (Glauser und Schlegel, 2007). Ein entscheidender Aspekt von FoxO1 ist, dass er die Expression des β-zellspezifischen Transkriptionsfaktors PDX1 reguliert. Eine Translokation von FoxO1 in den Zellkern hat zur Folge, dass die Expression des FoxA2-regulierten PDX1 reprimiert wird und dadurch die β-Zellfunktion verloren geht (Abb. 1) (Kitamura et al., 2002).

Der protektive Effekt des Insulin/IGF-1-Rezeptor-Signalwegs für das Überleben der β-Zellen wurde in unzähligen Arbeiten beschrieben (D'Alessandris et al., 2004; Dickson und Rhodes, 2004; Elghazi et al., 2006). Umgekehrt wurde vielfach gezeigt, dass eine Beeinträchtigung dieses Signalwegs zum Verlust der β-Zellfunktion und zur Apoptose bei T2D führt (Federici et al., 2001; Hashimoto et al., 2006; Kulkarni et al., 1999; Withers et al., 1998). Im Einzelnen wurde die Rolle des FoxO1 für eine β-Zelldysfunktion und Apoptose herausgestellt (Kitamura et al., 2002; Martinez et al., 2006), weshalb dieser Signalweg Gegenstand der Untersuchungen in der vorliegenden Arbeit ist.

1.4.2 Stresssignalwege als Auslöser von β-Zelluntergang

Da β-Zellen ständigen Blutglucoseschwankungen unterworfen sind, erfordert dies eine effektive Regulation der Insulinsynthese. Aus diesem Grund besitzen β-Zellen ein hoch entwickeltes endoplasmatisches Retikulum (ER), in dem die Insulintranslation unter anderem über die UPR (*unfolded protein response*) reguliert wird (Back et al., 2009; Vander Mierde et al., 2007). Bei diesem Prozess wird die Glucose-stimulierte Insulintranslation durch Dephosphorylierung oder Phosphorylierung des eIF2α (*eukaryotic initiation factor 2α*) reguliert (positiver ER-Stress). Genau genommen löst die Phosphorylierung (Aktivierung) des eIF2α eine Attenuierung der Proteintranslation sowie eine schnellere Degradation fehlgefalteter Proteine aus. Die Aktivierung des eIF2α erfolgt bei sinkenden Glucosekonzentrationen über verschiedene eIF2α-Kinasen oder durch PERK (*PRKR-like endoplasmatic reticulum kinase*) bei Ansammlung falsch gefalteter Proteine. Von positivem ER-Stress zu unterscheiden ist der negative ER-Stress, bei dem eine aktivierte UPR nicht genügt, um ein zu hohes Aufkommen ungefalteter Proteine zu bewältigen. Es kommt zur Überladung des ER mit fehlgefalteten Proteinen, zu oxidativem Stress und zu einer Schädigung der Mitochondrien. Das hat zur Folge, dass eIF2α über ATF4 (*activating transcription factor 4*) Signalwege aktiviert, die zum Verlust der β-Zellfunktion und zur Apoptose führen (Abb. 2) (Back et al., 2009; Laybutt et al., 2007; van der Kallen et al., 2009).

EINLEITUNG

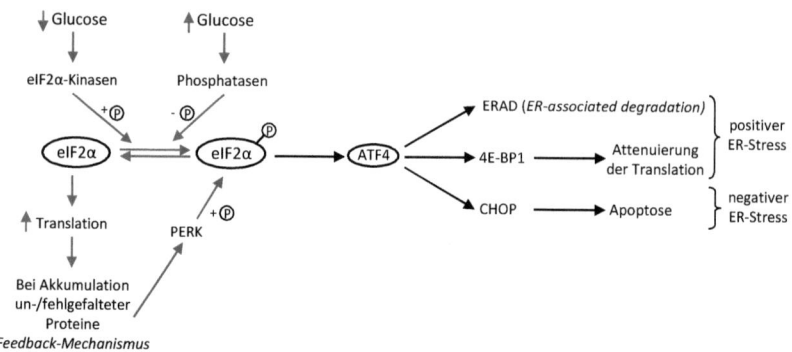

Abb. 2: Einfluss von ER-Stress auf die β-Zellfunktion. Dargestellt ist die Regulation der Proteintranslation im ER durch eIF2α. In Abhängigkeit von der Glucosekonzentration wird die Proteintranslation über eIF2α aktiviert oder inhibiert. Bei Akkumulation fehlgefalteter Proteine wird über ATF4 entweder eine Proteindegradation bzw. Attenuierung der Translation oder eine Apoptose über CHOP eingeleitet.

Unter den Auslösern von negativem ER-Stress in β-Zellen befinden sich insbesondere gesättigte Fettsäuren wie Palmitat, die zelluläre Fehlfunktionen sowie eine Apoptose auslösen (Lai et al., 2008; Laybutt et al., 2007). Insbesondere die Kombination einer Hyperglykämie mit gesättigten Fettsäuren, wie sie häufig bei einem T2D vorliegt, gilt als besonders β-zelltoxisch. Bei diesem Signalweg erfolgt eine Aktivierung der JNK (*c-Jun N-terminal kinase*) durch die IRE1 (*inositol requiring 1*)-Kinase infolge einer gestörten UPR (Bachar et al., 2009). JNK gehört zu den MAP (*mitogen-activated protein*)-Kinasen und gilt als Mediator von β-Zelldysfunktionen, Insulinresistenz und Apoptose (Kaneto et al., 2007). Es wurde beschrieben, dass infolge der JNK-Aktivierung durch z.b. ROS (*reactive oxygen species*), freie Fettsäuren oder proinflammatorische Zytokine (z.B. TNFα) eine Reduktion der Insulinexpression eintritt, die aus einer verminderten Bindungsaktivität des Transkriptionsfaktors PDX1 am Insulinpromotor resultiert (Kaneto et al., 2002). Dieser Mechanismus soll zum einen über den Transkriptionsfaktor c-Jun (Kaneto et al., 2007) und zum anderen über FoxO1 vermittelt werden (Kawamori et al., 2006). Die durch JNK ausgelöste β-Zellapoptose erfolgt über die Induktion von CHOP (*C/EBP homologous protein 10*), womit JNK als Schalter innerhalb der ER-Stress-unduzierten β-Zellapoptose fungiert (Nishitoh, 2012). Eine durch JNK vermittelte Insulinresistenz entsteht durch die inaktivierende Serinphosphorylierung des IRS-1 (*insulin receptor substrate 1*) im Insulin/IGF-1-Rezeptor-Signalweg (van der Kallen et al., 2009).

1.4.3 Die Regulation der Insulinexpression

Die Aufrechterhaltung einer Euglykämie wird durch eine Glucose-abhängige Regulation der Insulinsynthese und Exocytose gewährleistet. Die Insulinsynthese wird auf transkriptioneller Ebene

EINLEITUNG

durch drei Transkriptionsfaktoren, dem PDX1, MafA und BETA2 (NeuroD) reguliert. In Folge steigender Blutglucoselevel aktivieren diese drei Transkriptionsfaktoren auf synergistische Art und Weise die Insulinexpression durch Bindung an den Cis-Elementen A, E und C im Promotorbereich des Insulingens (siehe auch Abb. 40, Diskussion). Die Rekrutierung der Transkriptionsfaktoren ist ein sehr komplexer Vorgang und erfolgt einerseits über ihre Lokalisation im Zellkern und andererseits in der Regulation ihrer DNA-Bindungsaktivität durch Interaktion mit anderen Molekülen oder durch Phosphorylierung und Glycosilierung (Andrali et al., 2008).

Durch Glucose stimulierte Phosphorylierung des PDX1 mittels diverser Kinasen wie PI3K (Wu et al., 1999), PAS (An et al., 2006) oder ERK1/2 (Khoo et al., 2003) wird seine Bindung an der Histonacetyltransferase p300 ermöglicht. Dieser Komplex erlaubt die Acetylierung von Histonen im Insulinpromotor wodurch eine Elongation der Transkription durch die Polymerase II möglich ist (Mosley et al., 2004; Mosley und Özcan, 2003). Umgekehrt kann PDX1 die Insulinexpression bei niedrigen Glucosekonzentrationen reprimieren, indem es die HDAC1/2 (*histone deacetylase-1/2*) zum Insulinpromotor rekrutiert (Mosley und Ozcan, 2004). Ferner wurde eine Regulation der PDX1-Aktivität durch posttranslationale Modifikation wie SUMOylierung (Kishi et al., 2003) oder Glykosylierung beschrieben (Gao et al., 2003). Das zur Familie der *basic helix-loop-helix* (bHLH) Transkriptionsfaktoren gehörende BETA2 bindet nur als Heterodimer mit E2A (E47) an einer E-Box (CA*NN*TG) im Insulinpromotor und trägt zur Aktivierung der Insulinexpression bei (Glick et al., 2000). Ähnlich wie PDX1, wird seine Aktivität durch Phosphorylierung mittels ERK1/2 (Khoo et al., 2003) sowie durch Glycosilierung mittels OGT (*O-linked GlcNAc transferase*) gesteigert (Andrali et al., 2007). Auf diese Weise wird wiederum die Histonacetyltransferase p300 gebunden und sorgt durch Histonmodifikation für eine Transkription der Insulingene (Qiu et al., 2002). Der *basic leucine zipper*-Transkriptionsfaktor MafA reguliert die Insulinexpression durch ein Gleichgewicht zwischen Glucose-induzierter Expression oder proteasomaler Degradation (Han et al., 2007). Es ist beschrieben, dass die MafA-Expression wiederum durch Bindung von glykosyliertem FoxO1 (Kitamura et al., 2005), BETA2 oder PDX1 an seinem Promotor induziert wird (Raum et al., 2006). Der Abbau des MafA bei niedrigen Glucosekonzentrationen erfolgt durch GSK3-mediierte Phosphorylierung an Ser^{61}, Thr^{57}, Thr^{53} und Ser^{49} und anschließender Destabilisierung (Han et al., 2007).

Die bei einem T2D beeinträchtigte Insulinexpression geht auf eine verminderte Bindung oben genannter Transkriptionsfaktoren am Insulinpromotor zurück. Dabei gilt insbesondere der Verlust von PDX1 sowie MafA als Ursache. Bekannt ist, dass z.B. eine Phosphorylierung von PDX1 durch GSK3 zu seiner Degradation führt (Boucher et al., 2006) oder seine nukleäre Lokalisation durch JNK-vermittelte Phosphorylierung verhindert wird (Kawamori et al., 2003). Ebenso existiert ein Vielzahl von Hinweisen, dass Glucose- und Lipotoxizität (Hagman et al., 2005) sowie der Einfluss

EINLEITUNG

proinflammatorischer Zytokine die Bindungsaktivität des MafA am Insulinpromotor beeinträchtigen (Oetjen et al., 2007).

1.4.4 Die Regulation der Insulinsekretion

Eine gesunde β-Zelle zeichnet sich durch eine angemessene Glucose-stimulierte Insulinsekretion (GSIS) aus, um eine Glucosehomöostase zu wahren. Als Hauptauslöser der Insulinsekretion gilt ein steigender Glucosespiegel, wobei die Sekretion oszillierend und biphasisch verläuft. In der ersten Phase dem „Peak" wird innerhalb weniger Minuten eine große Menge gespeicherten Insulins freigesetzt. Anschließend sinkt die sekretorische Leistung der β-Zellen und steigt langsam wieder an (zweite Phase). Das in dieser Phase sezernierte Insulin besteht hauptsächlich aus neu synthetisiertem. Die zweite Phase kann bis zu mehrere Stunden anhalten, bis eine Euglykämie erreicht ist (Curry et al., 1968; Henquin, 2009; Henquin et al., 2002). Bei den auslösenden Signalwegen werden der *Triggering*-Signalweg sowie verschiedene *Amplifying*-Signalwege unterschieden. Ersterer wird durch eine Steigerung der metabolischen Rate durch Glucose ausgelöst. Die Verstoffwechselung der Glucose hat einen Anstieg an intrazellulärem ATP zur Folge, worauf K_{ATP}-Kanäle in der Zellmembran geschlossen werden und eine Depolarisation der Zellmembran eintritt (Tarasov et al., 2004). Durch das veränderte Membranpotential werden spannungsabhängige Ca^{2+}-Kanäle geöffnet, was einen Einstrom von Ca^{2+}-Ionen in die Zelle bewirkt und eine Exocytose von Insulingranula auslöst (Lang, 1999). Dieser Signalweg spielt hauptsächlich in der ersten Phase der Insulinsekretion eine Rolle, während die zweite Phase eher über Metaboliten des Tricarbonsäurezyklus (Pyruvat-Stoffwechsel) reguliert wird (Henquin et al., 2003). Darüber hinaus haben Inkretine wie GLP-1 (*glucagon-like peptide 1*) oder GIP (*glucose-dependent insulinotropic peptide*), bestimmte Fett- und Aminosäuren einen Sekretions-stimulierenden Effekt (Abb. 3) (Muoio und Newgard, 2008).

Nach derzeitigem Kenntnisstand resultiert der metabolische *Amplifying*-Signalweg aus einem periodischen Pyruvattransport zwischen Mitochondrium und Cytosol der β-Zelle. Speziell die anaplerotische Umwandlung von Pyruvat zu Oxalacetat durch die Pyruvatcarboxylase (PC) im Mitochondrium führt zu einem Überschuss an Intermediaten des Tricarbonsäurezyklus wie Malat, Citrat oder Isocitrat. Diese werden über geeignete Transporter ins Cytosol transportiert und unter enzymatischer Reaktion wieder zu Pyruvat transformiert. Bei diesen Reaktionen spielt besonders das $NADP^+$-abhängige Malatenzym (ME) sowie die $NADP^+$-abhängige Isocitratdehydrogenase (ICDc) eine Rolle, wobei NADPH, α-Ketoglutarat aber auch GTP gebildet wird. Diese Moleküle fungieren als Verstärker der GSIS, indem sie die Exocytose der Insulingranula forcieren (Jensen et al., 2008). Die durch Inkretine vermittelte Verstärkung der GSIS erfolgt über G-Protein gekoppelte Rezeptoren und

EINLEITUNG

einer Aktivierung der Adenylatcyclase. Verstärkt gebildetes cAMP aktiviert wiederum cAMP-abhängige Proteinkinasen (PKA), die über RIM1 (*Rab3A-interacting molecule-1*) eine Insulinvesikelexocytose beschleunigen (Dulubova et al., 2005). Unabhängig von PKA ist auch eine Insulinfreisetzung über die Aktivierung des cAMP-GEFII (*cAMP guanine nucleotide exchange factor-II*) möglich (Shibasaki et al., 2004). Eine Beschleunigung der Insulinfreisetzung durch Fettsäuren erfolgt ebenfalls durch Aktivierung G-Protein gekoppelter Rezeptoren wie FFAR1 (*free fatty acid receptor 1*) und dadurch erhöhter intrazellulärer Ca^{2+}-Konzentrationen (Abb. 3) (Briscoe et al., 2003; Itoh und Hinuma, 2005; Itoh et al., 2003).

Die bei einem T2D beobachtete Beeinträchtigung der GSIS ist neben einer verminderten Insulinsynthese auch auf Störungen in den oben genannten Mechanismen zurückzuführen (Muoio und Newgard, 2008; Szoke und Gerich, 2005).

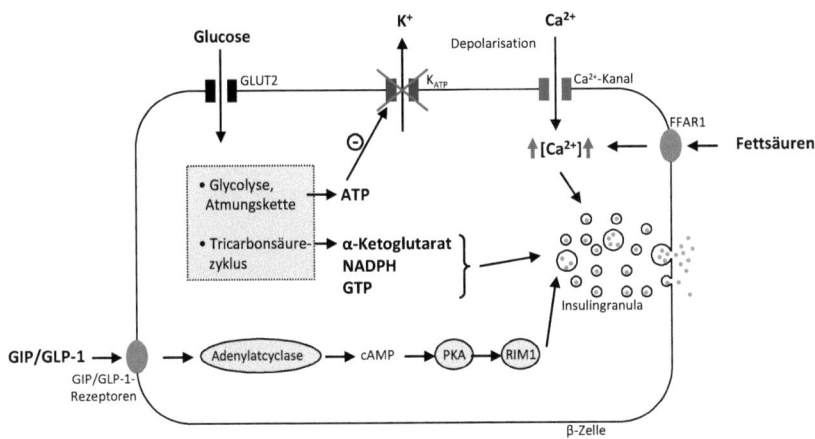

Abb. 3: Mechanismen der Insulinfreisetzung von β-Zellen. Dargestellt sind verschiedene Auslöser einer Insulinsekretion in der β-Zelle. Der *Triggering*-Signalweg resultiert aus einer zunehmenden ATP-Bildung und anschließender Depolarisation der β-Zelle mit Ca^{2+}-Einstrom und Insulinvesikelexocytose. Eine Verstärkung der GSIS wird über die Reaktionsprodukte des Pyruvatstoffwechsels sowie durch die Inkretin und Fettsäurewirkung an G-Protein gekoppelten Rezeptoren ausgelöst (*Amplifying*-Signalwege).

1.5 Kompensation des Typ-2-Diabetes durch β-Zellproliferation

In gesunden Individuen besitzen β-Zellen die Fähigkeit, ihre Masse an den Insulinbedarf anzupassen. Dieser Bedarf ändert sich beim Menschen mit dem Alter, dem Körpergewicht aber auch bei einer Schwangerschaft. Kompensatorische Veränderungen der β-Zellmasse können durch Neogenese aus Vorläuferzellen, durch Proliferation existierender β-Zellen oder durch Umprogrammierung anderer

EINLEITUNG

Zelltypen entstehen (Sachdeva und Stoffers, 2009). Steigt der Bedarf an Insulin und liegt eine Störung dieser Mechanismen vor, kann sich ein T2D aufgrund eines Insulinmangels entwickeln (Butler et al., 2003). Insbesondere die Replikation bestehender β-Zellen verhindert die Entwicklung eines T2D in insulinresistenten adipösen Menschen sowie Mäusen (Dor et al., 2004; Hanley et al., 2010). Mechanistisch gesehen bedeutet die Proliferation von β-Zellen, dass diese wieder in den Zellzyklus eintreten, indem beteiligte Proteine den Übergang von der G_0-Phase in die G_1-Phase sowie die Übergänge zur S-, G_2- und M-Phase auslösen (Georgia und Bhushan, 2004). Vor einigen Jahren wurde gezeigt, dass alle Übergänge aber auch die Phasen des Zellzyklus durch den Transkriptionsfaktor FoxM1 (*Forkhead box M1*) kontrolliert werden (Wierstra und Alves, 2007). Die durch FoxM1 regulierten Übergänge werden wiederum durch drei Proteinklassen, den Cyclinen, Cyclin-abhängigen Kinasen (CDKs) und den Cyclin-abhängigen Kinaseinhibitoren (CKIs) gesteuert (Sherr und Roberts, 1999; Sherr und Roberts, 2004). Speziell in der β-Zelle wird der Zellzyklus hauptsächlich durch die Cycline D1, D2, A und B durch CDK2, 4 und 6 sowie über die CKIs $p27^{Kip1}$, $p21^{Cip1}$ und $p57^{Kip2}$ reguliert (Heit et al., 2006b). Innerhalb der aktiven Phasen des Zellzyklus (G_1, S, G_2, M) ist die Expression weiterer Proteine wie Ki-67 (*antigen identified by monoclonal antibody Ki 67*), PCNA (*proliferating cell nuclear antigen*) oder eine Vielzahl von Mitose-Helferproteinen (z.B. Centromer-Protein A (CenpA), Aurora-Kinase B (AurkB) oder Polo-*like*-Kinase 1 (Plk1)) notwendig (Abb. 4) (Davis et al., 2010; Laoukili et al., 2005).

Es ist eine hohe Zahl von mitogenen Molekülen bekannt, die entweder durch Rezeptorbindung oder über ihre Aufnahme die β-Zellproliferation induzieren. Zu diesen Mitogenen gehören z.B. verschiedene Hormone und Inkretine wie Insulin, GLP-1, Wachstumshormon (*growth hormon*, GH) oder Prolactin (PRL) bzw. Wachstumsfaktoren wie IGF-1, IGF-2 oder EGF (*epidermal growth factor*) (Nielsen et al., 2001). Darüber hinaus gelten Glucose, verschiedene Aminosäuren und Insulin als proliferationsstimulierend (Heit et al., 2006b; Kulkarni, 2005). Die Induktion des Zellzyklus durch die genannten Mitogene erfolgt auf mehreren Wegen. Beispielsweise löst die PRL-Bindung an seinem Rezeptor den Jak2 (Janus Kinase 2) / Stat5 (*signal transducer and activator of transcription 5*)-Signalweg aus, in dessen Folge phosphoryliertes Stat5 die Promotoraktivität des Cyclins D1 erhöht (Brockman et al., 2002). Der durch Glucose und Insulin stimulierte AKT-Signalweg inhibiert z.B. FoxO1, wodurch die Expression des CKIs $p27^{Kip1}$ verringert wird bzw. die PDX1-Expression erhalten bleibt (Elghazi et al., 2006). Größere Aufmerksamkeit wird der durch Hormonbindung sowie durch Glucose ausgelösten Erhöhung intrazellulärer Ca^{2+}-Konzentrationen geschenkt (Aspinwall et al., 2000; Moccia et al., 2003; Sjoholm et al., 2000). Ca^{2+} ist in der Lage die Calcineurin-Phosphatase (Cn) zu binden und zu aktivieren. Dadurch wird der Transkriptionsfaktor NFAT (*nuclear factor of activated T-cells*) dephosphoryliert, woraufhin er in den Zellkern transloziert und die Induktion von Cyclinen und CDKs auslöst (Abb. 4) (Crabtree und Olson, 2002; Heit et al., 2006a).

EINLEITUNG

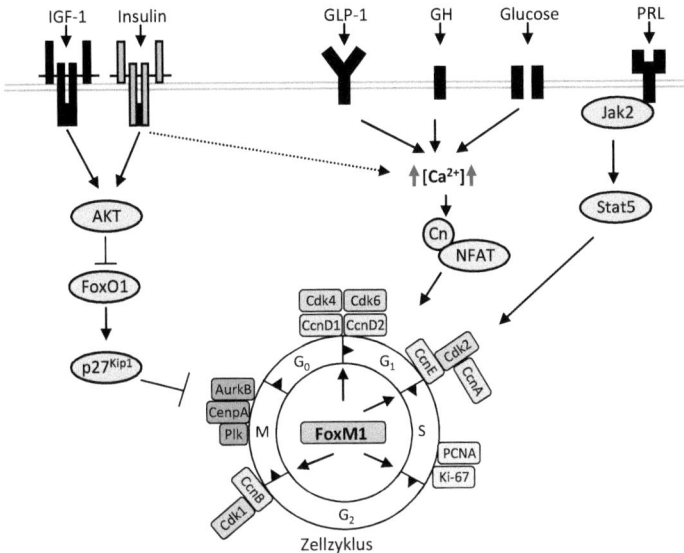

Abb. 4: Auslöser und beteiligte Proteine des Zellzyklus in der β-Zelle. Gezeigt sind einige Signalwege, die durch Hormon- (z.B. GH, *growth hormon*; PRL, *prolactin*; GLP-1, *glucagon-like peptide 1*) und Wachstumsfaktorbindung (z.B. IGF-1, *insulin-like growth factor 1*) sowie durch den Glucosestoffwechsel zur Induktion des Zellzyklus in der β-Zelle führen. Die einzelnen Phasen sowie die Übergänge im Zellzyklus werden unter anderem durch die gezeigten Proteine vermittelt. FoxM1 gilt als Hauptregulator aller Phasen des Zellzyklus.

EINLEITUNG

1.6 Zielsetzung der Arbeit

Ziel der vorliegenden Arbeit war es, Mechanismen in β-Zellen eines diabetessuszeptiblen (NZO) und diabetesresistenten (B6.V-$Lep^{ob/ob}$) adipösen Mausstamms zu identifizieren, die zum Untergang bzw. zum Schutz der β-Zellen bei Glucolipotoxizität beitragen. Dazu wurde ein zuvor von mir etabliertes sequentielles Fütterungsregime aus initialer kohlenhydratfreier Diät und anschließender mehrtägiger Kohlenhydratgabe genutzt, um einen raschen und synchronen β-Zelluntergang auszulösen und die zugrunde liegenden Pathomechanismen zu untersuchen. Es sollten:

(1) Signalwege identifiziert werden, die zum Untergang der β-Zellen bei Glucolipotoxizität in dem diabetessuszeptiblen Mausmodell führen, und

(2) Mechanismen identifiziert werden, die zum Schutz der β-Zellen eines diabetesresistenten Mausstamms bei diesen Bedingungen beitragen.

Die Auswirkungen von Glucolipotoxizität wurden anschließend an isolierten Langerhans-Inseln beider Modelle überprüft, um den direkten Einfluss von Glucose und Fettsäuren auf

(3) die Insulinexpression zu untersuchen.

Darüber hinaus wurde eine immortalisierte β-Zell-ähnliche Tumorzelllinie (MIN6), die mit verschiedenen Glucosekonzentrationen in An- und Abwesenheit einer Fettsäure kultiviert wurde, genutzt um:

(4) eine Verifizierung der *in-vivo*-Ergebnisse zu erzielen und zusätzliche Signalwege zu untersuchen, die zum Untergang insulinproduzierender Zellen bei Glucolipotoxizität führen können.

MATERIAL UND METHODEN

2 Material und Methoden

2.1 Molekularbiologische Methoden

2.1.1 Isolation von RNA aus Langerhans-Inseln

Die aus Langerhans-Inseln isolierte RNA diente dazu, Unterschiede in der Genexpression mittels quantitativer *real-time*-PCR (qRT-PCR) sowie DNA-*Microarray*-Chip-Technologie zu bestimmen. Hierzu wurde das RNAqueous®-Micro Kit (Applied Biosystems™, Darmstadt) verwendet. Pro RNA-Isolation wurden mindestens 75, maximal 200 Inseln eingesetzt. Abweichend zu den Angaben des Herstellers erfolgte die Lyse der Inseln mit der mitgelieferten *Lysis Solution* durch einen starken Ultraschallimpuls in einem Ultraschallbad (Branson SONIFIER 450, Fa. G. Heinemann Ultraschall- und Labortechnik, Schwäbisch Gmünd). Die Fällung, Reinigung und Wiederaufnahme der RNA in *Elution Solution* wurde nach Herstellerangaben ausgeführt. Die Ausbeute betrug 13 – 15 µl RNA mit einer durchschnittlichen Konzentration von 100 ng/µl.

2.1.1.1 DNAse-Verdau isolierter RNA

Da für die qRT-PCR zum Teil Sonden verwendet wurden, die nicht auf einem Exon-Exon-Übergang, sondern innerhalb eines Exons binden, musste sichergestellt werden, dass die isolierte RNA keine Verunreinigungen mit genomischer DNA enthält. Solche Verunreinigungen würden dazu führen, dass bei der qRT-PCR ein falsch-positives Signal erzeugt wird. Aus diesem Grund wurde die isolierte RNA einem DNAse-Verdau unterworfen. Dieser erfolgte ebenfalls nach Angaben des Herstellers mit der gesamten Menge isolierter RNA (13 - 15 µl) und den im RNAqueous®-Micro Kit mitgelieferten Reagenzien.

2.1.2 Isolation von RNA aus MIN6-Zellen

Zur Isolation von RNA aus MIN6-Zellen wurde nach einem modifizierten Protokoll der TRIzol™-Methode (TRIzol™-Reagent, Invitrogen, Carlsbad, USA) gearbeitet. Vor der Isolation wurden die entweder bei -80 °C gelagerten Zellkulturplatten auf Eis aufgetaut oder solche aus dem Versuch direkt auf Eis gekühlt. Die Lyse der Zellen wurde mit 800 µl TRIzol™ pro *well* einer 6-*well* Platte ermöglicht. Nach kurzer Einwirkzeit wurde das Lysat mehrfach aspiriert und in ein 1,5 ml *SafeLock*-Reaktionsgefäß überführt und 5 min bei RT inkubiert. Anschließend wurden 200 µl Chloroform

MATERIAL UND METHODEN

zugegeben und die Reaktionsgefäße 15 s manuell geschüttelt und erneut für wenige Minuten bei RT inkubiert. Im nächsten Schritt sollte eine Phasentrennung in den Proben erreicht werden. Die Proben wurden hierzu für 15 min bei 4 °C und 13.000 rpm (Biofuge® fresco, Heraeus®, Hanau) zentrifugiert. Nach Zentrifugation wurde die klare (wässrige) obere Phase abgenommen und in ein neues 1,5 ml SafeLock-Reaktionsgefäß mit 500 µl vorgelegtem Isopropanol überführt. Nach einer 10 minütigen Inkubation bei RT wurde erneut zentrifugiert (10 min, 13.000 rpm, 4 °C) und ein RNA-Pellet erzeugt. Nach Abgießen des Überstands wurde das Pellet zum Waschen mit 1 ml 75 % Ethanol versetzt, gevortext und anschließend zentrifugiert (5 min, 13.000 rpm, 4 °C). Der Überstand wurde wieder verworfen und die RNA für 10 - 60 min an der Luft getrocknet, bevor sie in 12 - 18 µl RNAse freiem Wasser für 10 min bei 55 °C (Thermomixer compact, Fa. Eppendorf, Hamburg) gelöst wurde.

2.1.3 Bestimmung der RNA-Konzentration mittels NanoDrop®

Um in der cDNA-Synthese bzw. in der nachfolgenden qRT-PCR einheitliche Mengen RNA bzw. cDNA einsetzen zu können, war eine Konzentrationsbestimmung der isolierten Insel- bzw. MIN6-Zell-RNA notwendig. Die Konzentrationsbestimmung erfolgte mittels Photometrie in einem Spektrophotometer (NanoDrop® ND-100 UV/Vis, Fa. peQLab, Erlangen). Hierzu wurde 1 µl RNA auf den Detektor des Photometers gegeben und die Messung bei 260 nm (Absorptionsmaximum der aromatischen Ringe der RNA-Basen) durchgeführt. Zusätzlich zur RNA-Konzentration bestimmt das Photometer eine mögliche Verunreinigung mit Proteinen (280 nm) und errechnet den Quotient aus der optischen Dichte OD_{260}/OD_{280}. Dieses Verhältnis muss zwischen 1,6 und 2,2 liegen um eine vernachlässigbare Verunreinigung mit Proteinen anzuzeigen. Bei allen vermessenen Proben ergab die Messung $1,7 \leq OD_{260}/OD_{280} \leq 2,1$; was auf eine saubere Präparation schließen ließ.

2.1.4 Bestimmung der RNA-Integrität mittels Bioanalyzer

Um aussagekräftige Daten aus Genexpressionsstudien (DNA-Microarray, qRT-PCR) zu gewinnen, ist der Einsatz von intakter RNA notwendig. Während der Gewinnung und Prozessierung von RNA läuft diese ständig Gefahr durch ubiquitär vorkommende Nukleasen degradiert zu werden, was durch sauberes Arbeiten zwar minimiert, aber nicht vollkommen beseitigt wird. Eine klassische Methode zur Überprüfung der RNA-Qualität ist die Betrachtung von Agarose-Gelelektrophoresen der gesamt-RNA, bei der die Bandenintensität von 28S zu 18S ribosomaler RNA (rRNA), die den Hauptbestandteil isolierter RNA ausmacht, ein Verhältnis von 2,0 einnehmen soll. Die hier beschriebene Methode dient der Standardisierung und greift auf eine automatisierte Kappilarelektrophorese durch die Lab-on-Chip-Technologie zurück. Mit Hilfe der Kappilar-Elektrophorese werden die einzelnen Fraktionen der rRNA (5S, 18S, 28S), die mRNA sowie fragmentierte RNA der Größe nach aufgetrennt und in einem virtuellen Gelbild dargestellt. Bei dieser Methode generiert eine Software einen Zahlenwert zwischen 1 und 10, der die RNA-Qualität einstuft (RIN, *RNA integrity number*). Ein Wert von 10 reflektiert intakte, nicht degradierte RNA, während ein Wert von 1 eine vollständig degradierte RNA anzeigt.

Die Bestimmung des RIN-Wertes wurde bei allen RNA-Proben durchgeführt, die für die Transkriptomanalyse mittels DNA-*Microarray*-Chip-Technologie bestimmt waren. Die für die qRT-PCR bestimmten Proben wurden nur stichprobenartig hinsichtlich ihrer RNA-Qualität überprüft. Alle zur Qualitätsbestimmung genutzten Proben wurden nach Protokoll des Herstellers des RNA 6000 Nano Kits (Agilent, Santa Clara, USA) getestet. Das eingesetzte Probenvolumen betrug 1 µl und die ermittelten RIN-Werte zeigten bis auf wenige Ausnahmen eine gute bis sehr gute RNA-Qualität an (RIN ≥ 7,0). Für die DNA-*Microarray*-Chip-Untersuchung wurden nur RNAs mit einem minimalen *RIN*-Wert von 8,0 verwendet.

2.1.5 Bestimmung der DNA-Konzentration von Langerhans-Inseln

Zur Normalisierung der im Punkt 2.5.4 beschriebenen GSIS war eine Bestimmung des DNA-Gehalts der Langerhans-Inseln notwendig. Da die je Kondition eingesetzte Inselmenge (15 Stück) sehr gering war, resultierte daraus eine ebenfalls sehr geringe DNA-Menge, dessen Konzentration unterhalb der Messgrenze des NanoDrop® war. Eine Möglichkeit geringste DNA-Mengen ultrasensitiv messen zu können, bietet das Quant-IT^{TM} *PicoGreen®* dsDNA-Kit (Invitrogen, Carlsbad, USA). Bei dieser Methode wird ausschließlich doppelsträngige DNA (dsDNA) durch einen interkalierenden Fluoreszenzfarbstoff (*Hoechst 33258 Dye*) bis zu einer Untergrenze von 25 pg/ml nachgewiesen.

Zur DNA-Gewinnung wurden je 15 Inseln in einem 1,5 ml Reaktionsgefäß mit 250 µl Lysepuffer unter Zuhilfenahme eines Ultraschallstabs (Branson SONIFIER 450, Fa. G. Heinemann Ultraschall- und Labortechnik, Schwäbisch Gmünd) aufgeschlossen.

<u>Lysepuffer:</u>
10 mM Tris-HCl (Roth)
1 mM EDTA (Merck)
0,1 % Triton X-100 (Roth)

Jeweils 25 µl des Insellysats wurden nach Herstellerangaben im Triplikat in einer 96-*well*-Fluoreszenzplatte zur DNA-Bestimmung eingesetzt. Unmittelbar vor Messung der Fluoreszenz wurde zu den verdünnten Insellysaten der Fluoreszenzfarbstoff *PicoGreen®* zugegeben und mit Hilfe eines Plattenlesegeräts (Spectra Max M2, MDS Analytical Technologies, Ismaning) bei einer Wellenlänge

MATERIAL UND METHODEN

von 461 nm jedes *well* vermessen. Über eine Eichreihe konnte die gemessene Fluoreszenz in die jeweiligen DNA-Konzentrationen umgerechnet werden.

2.1.6 cDNA-Synthese aus RNA

Für eine Genexpressionsanalyse mittels qRT-PCR muss die aus MIN6-Zellen und Langerhans-Inseln isolierte RNA in die wesentlich stabilere komplementäre DNA (cDNA) umgeschrieben werden. Die cDNA-Synthese wurde mit der GoScript^{TM} Reverse Transcriptase (Promega, Madison, USA) unter Einsatz von maximal 2 µg RNA, *Primer random p(dN)$_6$* (Roche GmbH, Mannheim) und einem Deoxynucleosidtriphosphat Gemisch (dNTPs) (Roche) durchgeführt.

cDNA Synthese (20 µl):

Gesamt-RNA	max. 2 µg in 10 µl
dNTPs	1 µl (4 mM / Nucleotid)
Primer	2 µl (100 ng / µl)

Der cDNA-Ansatz wurde für 5 min bei 65 °C (Thermoschüttler, Eppendorf, Hamburg) erhitzt und anschließend für 1 min auf Eis gekühlt.

Danach erfolgte die Zugabe von:

5x GoScript^{TM} Reaction Buffer	4 µl
MgCl$_2$	2 µl (25 mM)
GoScript^{TM} Reverse Transcriptase	1 µl (200 U / µl)

Programm:

Inkubation (25 °C):	5 min
cDNA-Synthese (50 °C):	60 min
Inaktivierung (70 °C):	15 min

Da die gesamte RNA-Menge von Langerhans-Inseln eines Tieres meist unter 2 µg lag, wurde der cDNA-Ansatz mit der Gesamtmenge erhaltener RNA (13 - 15 µl) pipettiert, woraus sich ein Gesamtvolumen von 26 - 30 µl ergab. Die resultierende geringere cDNA-Konzentration musste bei anschließender qRT-PCR berücksichtigt werden da dort immer eine Gesamtmenge von 12,5 ng/*well* eingesetzt wurde. Aus MIN6-Zellen konnten jeweils 2 µg RNA gewonnen werden, die wie oben beschrieben in einem 20 µl Ansatz pipettiert wurden.

MATERIAL UND METHODEN

2.1.7 Analyse der Genexpression mittels qRT-PCR

Die quantitative *real-time*-PCR (qRT-PCR) nutzt das Prinzip einer herkömmlichen Polymerase-Kettenreaktion (PCR) gekoppelt mit Fluoreszenzmessungen zur Quantifizierung der Menge transkribierter Gene. Mit dieser Methode kann über die Zunahme eines Fluoreszenzsignals in Echtzeit (*real time*) die Menge eines PCR-Produkts beobachtet werden.

Bei dem hier verwendeten System handelt es sich um den TaqMan® Gene Expression Assay der Fa. Applied Biosystems™ (Darmstadt), der auf eine Hybridisierungssonde mit Fluorophor (FAM™-*Dye*) und Fluoreszenzquencher (NFQ-MGB) zurückgreift. Bei dieser Methode wird durch die Amplifikation eines Abschnitts des Zielgens und der 5'-3'-Exonukleaseaktivität der Polymerase eine räumliche Trennung von Fluorophor und Quencher hervorgerufen, die zu einer Zunahme der Fluoreszenz führt. Bei einer Anregungswellenlänge von 492 nm und einer Emission bei 518 nm ist die Zunahme der Fluoreszenz direkt proportional zur Menge des gebildeten Amplifikats.

Die Untersuchungen zur Expression wurden in einem 10 µl-Ansatz in 96-*well* Platten (MicroAmp® Fast Optical 96-*well* Reaction Plate, Applied Biosystems, Foster City, USA) durchgeführt, die mit einer optischen Folie (MicroAmp® Optical Adhesive Film, Applied Biosystems) verschlossen wurden. Alle Reaktionen wurden in 3-fach-Bestimmungen im 7500 Fast real-time PCR-Gerät der Fa. Applied Biosystems™ (Foster City, USA) durchgeführt. Die Datenauswertung erfolgte nach der $2^{-\Delta Ct}$-Methode (Livak und Schmittgen, 2001). Für Untersuchungen an Langerhans-Inseln wurde Cyclophilin A (*Ppia*) als endogene Kontrolle eingesetzt, während die Genexpression in MIN6-Zellen in Bezug auf Beta-Actin (*Actb*) gemessen wurde.

qRT-PCR-Ansatz:

cDNA	12,5 ng
TaqMan® Fast Gene Expression Mastermix	5 µl
TaqMan® Assay	0,5 µl
ddH$_2$O	ad 10 µl

qRT-PCR-Programm (40 Zyklen):

Initialisierung (95°C)	20 s
Denaturierung (95°C)	3 s ⎤
Primer/Probe Annealing & Elongation	30 s ⎦ 40 x

MATERIAL UND METHODEN

Verwendete TaqMan® Assays:

Genname:	Proteinname:	TaqMan® Assay
Ccna2	Cyclin-A2	Mm00438064_m1
Foxm1	*forkhead Box M1*	Mm00514924_m1
Ins1	Insulin I	Mm01259683_g1
Ins2	Insulin II	Mm00731595_gH
Mki67	Ki-67	Mm01278617_m1
Ppia	Peptidylprolyl-Isomerase A	Mm02342429_g1
Pdx1	*pancreatic and duodenal homeobox 1*	Mm00435565_m1

Tab. 1: Verwendete Sonden und ihre Identifikationsnummern

Die fluoreszenzmarkierte Sonde sowie die Primer für die endogene Kontrolle Beta-Actin (*Actb*) wurden von der Fa. Eurofins MWG GmbH (Ebersbach) bezogen. Folgende Sequenzen kamen hierfür zum Einsatz:

Actb_for	5'- GCC AAC CGT GAA AAG ATG AC -3'
Actb_rev	5'- TAC GAC CAG AGG CAT ACA G -3'
Actb probe	5' –FAM^{TM}- TTG AGA CCT TCA ACA CCC CAG CCA - 3'TAMRA^{TM}

2.1.8 Transkriptomanalyse mittels DNA-Chip-Technologie

Mit Hilfe dieser Methode ist es möglich, eine genomweite Genexpressionsanalyse durchzuführen. Über einen fingernagelgroßen *Microarray* können durch Hybridisierung von fluoreszenzmarkierten cDNAs mit immobilisierten Oligonukleotiden Unterschiede in der Expression von mehreren Zigtausend Genen nachgewiesen werden. Durch eine hochauflösende Laserkamera werden Unterschiede in der Intensität und Wellenlänge der entstehenden Mischfarbe einzelner „Spots' detektiert und über eine Software quantitativ ausgegeben.

Die *Microarray*-basierte Transkriptomanalyse wurde von Gesamt-RNA aus Langerhans-Inseln von je drei Tieren der Modelle NZO sowie B6.V-*Lep^{ob}/J* (ob/ob), gefüttert mit jeweils kohlenhydratfreier (-CH) bzw. kohlenhydrathaltiger (+CH) Diät, von der Fa. imaGenes (Berlin) durchgeführt. Die gelieferten Daten geben die Intensität der Expression von über 33.000 Genen als arbiträre Einheiten an. Die Auswertung dieser großen Datenmengen wurde freundlicherweise von Stephan Scherneck (Abt. DIAB, Deutsches Institut für Ernährungsforschung) übernommen. Dazu wurden online-Bioinformatik-Dienste wie KEGG (*Kyoto Encyclopedia of Genes and Genomes*) oder DAVID (*Database for Annotation, Visualization and Integrated Discovery*) (Huang da et al., 2009) herangezogen.

MATERIAL UND METHODEN

2.2 Biochemische Methoden

2.2.1 Herstellung von Proteinlysaten aus Zellen

Für die Proteinanalytik via Western Blot war es notwendig, Proteinlysate aus MIN6-Zellen herzustellen. Die Zellkulturplatten (6-*well*) wurden je *well* mit 100 µl Lysepuffer inklusive Proteaseinhibitoren (Roche Diagnostics GmbH, Mannheim) und Phosphataseinhibitoren versetzt und zunächst mindestens 5 min auf Eis inkubiert.

Lysepuffer:

20 mM Tris (Roth)	2,5 mM $Na_4P_2O_7$ (Merck)
150 mM NaCl (Roth)	1 mM β-Glycerolphosphat (Merck)
1 mM EDTA (Merck)	1 mM Na_3VO_4 (ICN Biomedicals Inc.)
1 mM EGTA (MP Biomedicals)	1:25 'cOmplete' Proteaseinhibitoren (1 Tablette in 2 ml ddH_2O)
1 % Triton X-100 (Serva)	1 mM NaF (Fluka)

Mit Hilfe eines Zellschabers (Sarstedt AG, Nümbrecht) wurden die Zellen vom Untergrund gelöst und dabei aufgeschlossen. Das Zelllysat wurde anschließend 10 min bei 4 °C und 13.000 rpm (Heraeus fresco 17 Centrifuge, Thermo Fisher Scientific, Schwerte) in 1,5 ml Reaktionsgefäßen zentrifugiert und der Überstand in ein neues Reaktionsgefäß überführt. Im Anschluss an die Proteinisolation folgte die Proteinbestimmung (siehe Punkt 2.2.4).

2.2.2 Herstellung von Proteinlysaten aus Langerhans-Inseln

Mindestens 75, maximal 200 Inseln wurden für die Isolation von Proteinen eingesetzt. Die Inseln wurden zunächst aus ihrem Medium in ein 0,5 ml Reaktionsgefäß überführt und 1 min bei 13.000 rpm und 4 °C zentrifugiert. Das überstehende Medium wurde quantitativ entfernt und das Inselpellet mit Lysepuffer inklusive Protease- und Phosphataseinhibitoren (siehe 2.2.1) versetzt. Die zugegebene Menge Lysepuffer richtete sich dabei nach der Anzahl der Inseln und betrug zwischen 20 und 35 µl. Anschließend wurden die Inseln durch einen starken Ultraschallimpuls in einem eisgekühltem Wasserbad (Branson SONIFIER 450, Fa. G. Heinemann Ultraschall- und Labortechnik, Schwäbisch Gmünd) aufgeschlossen. Analog zur Herstellung von Proteinlysaten aus MIN6-Zellen (2.2.1) wurde das Insellysat 10 min bei 4 °C und 13.000 rpm zentrifugiert, um Zelltrümmer zu pelletieren und der Überstand für die Proteinbestimmung eingesetzt.

MATERIAL UND METHODEN

2.2.3 Herstellung von Kernextrakten aus Zellen

Die Herstellung von Kernextrakten aus MIN6-Zellen war zum Nachweis nukleärer Proteine wie MafA oder PDX1 notwendig. Zur Gewinnung nukleärer Proteine wurde nach einem modifiziertem Protokoll nach Schreiber und Kollegen gearbeitet (Schreiber et al., 1989). Zunächst wurden die Zellen je *well* einer 6-*well*-Zellkulturplatte mit 200 µl Puffer A versetzt und 10 min auf Eis inkubiert. Dann wurden 2 µl 10 % Triton X-100 (Serva, Heidelberg) hinzu gegeben und die Zellen mit einem Schaber aufgeschlossen und das Lysat in ein 1,5 ml Reaktionsgefäß überführt. Es folgte eine Zentrifugation für 2 min bei 4 °C und 13.000 rpm. Der Überstand besteht zu großen Teilen aus cytosolischen Proteinen und wurde abgenommen, während das Pellet mit 150 µl Puffer A zum Waschen gevortext wurde. Es schloss sich ein erneuter Zentrifugationsschritt (30 s, 4 °C, 13.000 rpm) an, worauf der Überstand wieder verworfen wurde und das Pellet in 50 µl Puffer B mit Hilfe einer Pipette resuspendiert wurde. Das resuspendierte Kernpellet wurde anschließend 30 min bei 4 °C in einem Schüttler (Thermomixer compact, Eppendorf, Hamburg) gelöst und 20 min bei 4 °C zentrifugiert. Im Überstand konnte man schließlich die Konzentration nukleärer Proteine bestimmen.

Puffer A:
10 mM HEPES (PAA)
1,5 mM $MgCl_2$ (Roth)
10 mM KCl (Roth)
1,5 mM DTT (Roth)

Puffer B:
20 mM HEPES
1,5 mM $MgCl_2$
420 mM NaCl (Roth)
25 % (v/v) Glycerol
0,2 mM EDTA (Merck)

Beide Puffer enthielten zusätzlich die Phosphataseinhibitoren Natriumpyrophosphat (2,5 mM), β-Glycerolphosphat (1 mM), Natriumorthovanadat (1 mM) und Natriumfluorid sowie den Proteaseinhibitorcocktail ‚cOmplete' (Roche Diagnostics GmbH, Mannheim).

2.2.4 Bestimmung der Proteinkonzentration

Um gleiche Mengen Protein in einer Western-Blot-Analyse einsetzen zu können, war eine Proteinbestimmung erforderlich. Die Konzentrationsbestimmung in den Zell- und Insellysaten erfolgte nach einem klassischen Protokoll, dem BCA (*bicinchoninic acid*)-Protein-*Assay*. Diese Methode kombiniert die Reduktion zweiwertiger Kupferionen zu Cu^{1+} in einem alkalischem Milieu (Biurett-Reaktion) mit dem sensitiven und selektiven colorimetrischen Nachweis des Cu^{1+} mit Bicinchoninsäure (BCA) (Smith et al., 1985). Die durch Proteine quantitativ reduzierten Cu^{1+}-Ionen bilden mit BCA einen violetten Farbstoff, dessen Absorption bei einer Wellenlänge von 562 nm photometrisch bestimmt wird. Für jede Bestimmung wurde eine frische Konzentrationsreihe aus

MATERIAL UND METHODEN

gelöstem BSA (*bovine serum albumin*) für eine Eichkurve erstellt. Die Messung des Proteingehalts der Proben geschah im Duplikat mit einem kommerziellen Kit (BCA^{TM} Protein Assay Kit, Pierce, Rockford, USA) sowie mit Hilfe eines Plattenlesegeräts (SpectraMax M2, Molecular Devices).

2.2.5 Western Blot Analyse

Die Western-Blot-Analyse ist eine klassische Methode zur Immundetektion von Proteinen nach ihrer Auftrennung mittels SDS-PAGE (*sodium dodecylsulfate polyacrylamide gel electrophoresis*) und Transfer auf eine Polyvinylidendifluoridmembran (PVDF). Die Durchführung folgt im Wesentlichen der von Tobwin und Kollegen (1979) entwickelten Methode und dient dazu, Unterschiede in der Menge eines untersuchten Proteins nachzuweisen (Towbin et al., 1979).

2.2.5.1 SDS-Polyacrylamidgelelektrophorese zur Auftrennung von Proteinen (SDS-PAGE)

Die SDS-PAGE dient dazu, Proteine hinsichtlich ihres Molekulargewichts in einem Polyacrylamidgel in einem elektrischen Feld aufzutrennen. Durch Zugabe von SDS (*sodium dodecyl sulfate*) zum Gel werden Ladungsunterschiede ausgeglichen und eine Solubilisierung der Proteine erreicht. Durch Zugabe der reduzierenden Thiolverbindung DTT (Dithiothreitol) zum Probenpuffer wird außerdem eine Spaltung von Disulfidbrücken in den Proteinen erwirkt (Laemmli, 1970).

Die Taschen des Polyacrylamidgels wurden, je nach Art des nachzuweisenden Proteins, mit 7,5 – 40 µg Protein in Probenpuffer beladen. Der Probenpuffer wurde mit den in ddH$_2$O verdünnten Proteinen im Verhältnis 1 : 4 gemischt und war wie folgt zusammengesetzt:

Probenpuffer:
40 % Glycerol (Roth)
20 mM Tris (Roth)
8 % SDS (ICN Biomedicals Inc.)
0,2 % Bromphenolblau
0,06 % DTT

Vor dem Beladen der Geltaschen erfolgte eine Hitzedenaturierung der Proben für 5 min bei 95 °C auf einem Heizblock (ThermoStat plus, Fa. Eppendorf, Hamburg). Die Auftrennung der Proteine wurde mit einem diskontinuierlichen Gelsystem, bestehend aus Sammel- und Trenngel, durchgeführt um eine optimale Trennschärfe zu ermöglichen. Die Mischungen für das Trenn- und Sammelgel wurden zunächst getrennt in Bechergläsern hergestellt und zwischen zwei Glasplatten (Biometra®, Göttingen) gegossen. Zunächst wurde das Trenngel (10 % bzw. 12 %) eingefüllt, mit 0,2 % SDS

MATERIAL UND METHODEN

überschichtet und für 30 min auspolymerisiert. Es folge das Sammelgel in das ein Kamm zur Erzeugung der Probentaschen gesteckt wurde.

Sammelgel:

260 µl	30 % Acrylamid/Bis	
520 µl	oberer Gelpuffer	
1,22 ml	ddH_2O	
2 mg	APS	
2 µl	TEMED	

Trenngel (10%ig / 12%ig):

2 ml (10 %ig) / 2,4 ml (12 %ig)	30 % Acrylamid/Bis	
1,56 ml	unterer Gelpuffer	
2,44 ml (10 %ig) / 2,04 ml (12 %ig)	ddH_2O	
6 mg	APS	
6 µl	TEMED	

Oberer Gelpuffer (pH 6,8):

Tris	0,5 M
SDS	0,4 %

Unterer Gelpuffer (pH 8,8):

Tris	1,5 M
SDS	0,4 %

Zum Starten der radikalischen Polymerisation der Gele wurde Ammoniumperoxodisulfat (APS, Roth) und N',N',N',N'-Tetramethylethan-1,2-diamin (TEMED, Bio-Rad, München) zuletzt zum Acrylamid/Methylenbisacrylamid zugegeben. Nach Einbau der Gele in eine Elektrophoreseapparatur (Bio-Rad®, Göttingen) und Beladen der Geltaschen wurde zur Fokussierung der Banden zunächst ein Strom von 10 mA / Gel angelegt, welcher auf 20 mA / Gel zur Auftrennung erhöht wurde. Zur Bestimmung des Molekulargewichts der untersuchten Proteine wurde zusätzlich ein Größenstandard (Precision Plus Protein[TM] Standards Dual Color, BioRad, München) aufgetragen.

2.2.5.2 Transfer elektrophoretisch aufgetrennter Proteine auf eine PVDF-Membran

Nach der SDS-PAGE wurden die Gele nach dem *Tank-Blot*-Verfahren elektrophoretisch auf eine PVDF-Membran (Amersham Biosciences, Little Chalfont, UK) transferiert. Dazu wurde das Gel in einer stapelförmigen Anordnung mit einer PVDF-Membran und Filterpapieren (Whatman, Schleicher & Schuell, Dassel) in eine Transferkassette eingespannt und senkrecht in eine mit Transferpuffer gefüllten Blotapparatur (Tank-Blot-TE22-Mighty-Small-Transphor, Amersham Biosciences, Freiburg) für 1 h bei 200 mA unter Wasserkühlung transferiert.

Transferpuffer:

2,5 mM Tris (Roth)
19,2 mM Glycin (Roth)
20 % (v/v) Methanol (Merck)
0,1 % SDS (ICN Biomedicals Inc.)

MATERIAL UND METHODEN

2.2.5.3 Immunchemische Detektion transferierter Proteine mit peroxidasevermittelter Chemilumineszenz

Nach dem Proteintransfer wurde die PVDF-Membran kurz in TBS/T (*tris buffered saline* / Tween®20) (10 mM Tris, 150 mM NaCl, 0,1 % Tween®20) gespült und dann für 1 h bei RT in TBS/T + 5 % Magermilchpulver (Roth) unter Schwenken (Polymax 1040 Orbitalschüttler, Fa. Heidolph, Schwabach) blockiert. Es folgte die Inkubation der Membran mit dem Primärantikörper in TBS/T + 5 % Magermilchpulver entweder bei RT für 1-3 h oder bei 4 °C über Nacht in einem Überkopfschüttler (Reax 2, Fa. Heidolph, Schwabach). Die Bezeichnungen der verwendeten Primärantikörper, die Hersteller, die Verdünnungen sowie Inkubationsbedingungen sind der Tab. 2 zu entnehmen. Als endogene Kontrollen wurden Antikörper gegen GAPDH, β-Actin, sowie HDAC1 eingesetzt.

Antikörper	Hersteller	Verdünnung	Inkubationszeit / -temperatur
β-Actin mAb	Sigma-Aldrich (St. Louis, USA)	1 : 20.000	1 h, RT
Akt antibody	Cell signaling (Danver, USA)	1 : 1000	üN, 4 °C
c-Jun antibody	abcam (Cambridge, UK)	1 : 1500	üN, 4 °C
Cleaved-Caspase-3	Cell signaling	1 : 1000	üN, 4 °C
eIF2α antibody	Cell signaling	1 : 1000	üN, 4 °C
FoxO1 (C29H4) mAb	Cell signaling	1 : 1000	üN, 4 °C
GAPDH	Ambion® (Austin, USA)	1 : 5000	1 h, RT
HDAC1 antibody	abcam	1 : 2500	3 h, RT
SAPK/JNK antibody	Cell signaling	1 : 1000	üN, 4 °C
MafA pAb	Merck (Darmstadt)	1 : 1000	üN, 4 °C
Nkx6.1 (F55A10)	DSHB (Iowa City, USA)	1 : 1000	üN, 4 °C
PDX1 antibody	Millipore (Billerica, USA)	1 : 1000	üN, 4 °C
phospho-Akt	Cell signaling	1 : 1000	üN, 4 °C
phospho-FoxO1	Cell signaling	1 : 1000	üN, 4 °C
phospho-SAPK/JNK1	Cell signaling	1 : 1000	üN, 4 °C

Tab. 2: Verwendete Primärantikörper zur Western-Blot-Analyse

Nach der Inkubation des Primärantikörpers wurde die Membran drei Mal für je 10 min mit TBS/T in einer Schale unter Schwenken gewaschen, um ungebundene Antikörper zu entfernen. Anschließend folgte die Inkubation mit einem sekundären, peroxidasemarkierten Antikörper für 1 h bei RT in einem Überkopfschüttler. Für die Detektion von GAPDH und Nkx6.1 wurde ein Sekundärantikörper gegen Maus (anti-Maus IgG Fc-HRPO, Dianova, Hamburg) eingesetzt. Alle Übrigen Primärantikörper wurden

MATERIAL UND METHODEN

mit einem Sekundärantikörper gegen Kaninchen (anti-Kaninchen IgG (H+L)-HRPO, Dianova) nachgewiesen. Für die Detektion von β-Actin war keine Anwendung eines Sekundärantikörpers notwendig, da der Primärantikörper bereits mit einer Peroxidase markiert war. Nach einem erneuten dreimaligen Waschschritt wurden die Zielproteine durch Anwendung eines Chemilumineszenz-reagenz (*ECL Western blotting detection and analysis system*, Amersham Biosciences) sichtbar gemacht. Diese Methode bedient sich der peroxidasevermittelten Oxidation von Luminol, die mit einer Leuchterscheinung einhergeht. Die Intensität des Leuchtens ist proportional zur detektierten Proteinmenge und wurde mit einer sensitiven Kamera (C09 116 CCD) in Verbindung mit einer Auswertesoftware (peQLab Biotechnologie GmbH, Erlangen) visualisiert.

2.3 Histologie und Immunhistochemie

2.3.1 Verwendete Antikörper

Die zur immunhistochemischen Detektion verwendeten Antikörper, Verdünnungen und Inkubationsbedingungen sind in Tab. 3 aufgeführt.

Primär- und Sekundär-Antikörper

Antikörper	Hersteller	Verdünnung	Inkubationszeit/ -temperatur
Insulin	Sigma	1 : 50.000	1 h, RT
Cleaved-Caspase-3	Cell signaling	1 : 100	üN, 4 °C
Ki-67	Dako	1 : 50	üN, 4 °C
Nkx6.1	DSHB	1 : 1000	üN, 4 °C
PDX1	Millipore	1 : 2000	üN, 4 °C
phospho-FoxO1	Cell signaling	1 : 50	üN, 4 °C
phospho-AKT	Cell signaling	1 : 200	üN, 4 °C
Histofine®-*anti rabbit*	Nichirei Biosciences Inc., Tokyo, Japan	unverdünnt	1 h, RT
Histofine®-*anti mouse*	Nichirei Biosciences Inc., Tokyo, Japan	unverdünnt	1 h, RT
Histofine®-*anti rat*	Nichirei Biosciences Inc., Tokyo, Japan	unverdünnt	1 h, RT

Tab. 3: Verwendete Primär- und Sekundärantikörper der Immunhistochemie

2.3.2 Gewebeaufarbeitung

Das dem Tier entnommene Pankreasgewebe wurde zunächst in einer Einbettkassette (Fa. Engelbrecht, Edermünde) für 24 h bei RT in 4 % Formaldehyd / PBS fixiert und anschließend für weitere 24 h in kaltem Leitungswasser gewaschen. Dann wurden die Gewebe in einem

MATERIAL UND METHODEN

Entwässerungsautomaten (Hypercenter XP® Shandon, Frankfurt) schrittweise über aufsteigende Alkoholkonzentrationen bis hin zur Paraffineinbettung entwässert (Tab. 4).

Gewebeeinbettung

Medium	Zeit	Temperatur	Vakuum
Ethanol, 55 %	45 min	40 °C	ohne
Ethanol, 70 %	50 min	40 °C	ohne
Ethanol, 96 %	30 min	40 °C	ohne
Ethanol, 96 %	60 min	40 °C	ohne
Ethanol, 99,8 %	80 min	40 °C	ohne
Ethanol, 99,8 %	150 min	40 °C	mit
Toluen	120 min	40 °C	mit
Toluen	150 min	40 °C	mit
Paraffin	90 min	60 °C	mit
Paraffin	150 min	60 °C	mit

Tab. 4: Ablauf der Gewebeeinbettung

Die Einbettung der Gewebe in Paraffin erfolgte mit einer Paraffinausgießstation (Histocentre 2, Shandon). Anschließend wurden Gewebeschnitte von den auf -15 °C gekühlten Paraffinblöcken mit einem Rotationsmikrotom (Modell HM3355 S, Microm, Walldorf) in einer Schnittdicke von 2 µm angefertigt. Die Schnitte wurden in einem Wasserbad (Fa. Medax, Kiel) bei 38 °C auf Adhesivobjektträger (Thermo Scientific, Braunschweig) aufgezogen und bei 38 °C üN getrocknet. Bis zur Verwendung der Schnitte wurden diese bei 4 °C gelagert. Die Einbettung der Gewebe sowie das Herstellen der Schnitte wurde freundlicherweise von Elisabeth Meyer (Abteilung ETOX, DIfE) übernommen.

MATERIAL UND METHODEN

2.3.3 Immunhistochemie

Jeder histologischen Färbung ging ein Rehydrieren der Paraffinschnitte voraus. Die Objektträger wurden dazu schrittweise mittels eines Färbeautomaten (Cellstain A, Tharmac GmbH, Waldsolms) in verschiedenen Badmedien bei RT getaucht (Tab. 5).

Medium	Zeit
Toluen	2' 20''
Toluen	3' 30''
Ethanol, 99,8 %	2' 00''
Ethanol, 99,8 %	3' 00''
Ethanol, 96 %	2' 00''
Ethanol, 70 %	1' 45''
Ethanol, 40 %	1' 45''
dH$_2$O	1' 20''

Tab. 5 Rehydrieren von Paraffinschnitten

Nach dem Rehydrieren der Schnitte wurden diese zur Demaskierung der Antikörperbindestellen in aufgekochtem Mikrowellenpuffer (Dako, Hamburg) für 4 min bei 150 W in einer Mikrowelle behandelt. Nach einer 5-minütigen Abkühlphase wurden die Schnitte erneut für 4 min bei 150 W gekocht und schließlich 25 min bei RT abgekühlt. Die Antigendemaskierung fand, bis auf Insulin, bei allen angewendeten Antikörpern statt. Im nächsten Schritt erfolgte eine Blockierung der endogenen Peroxidasen durch Inkubation der Schnitte in 10 % Wasserstoffperoxid (Roth, Karlsruhe) und kurzem Spülen in dH$_2$O. Für die nachfolgende Antikörperinkubation wurden die Schnitte auf dem Objektträger zunächst mit einem Fettstift (Dako-Pen, Dako) eingegrenzt und zur Erhöhung der Benetzbarkeit für mindestens 5 min in TBS/T (10 mM Tris, 150 mM NaCl, 0,1 % Tween®80) gestellt. Die in Tab. 3 aufgeführten Primärantikörper wurden zu den genannten Konditionen in Antikörper-verdünnungsmedium (Antibody Diluent, Dako) in einer Menge von 60 – 70 µl auf den Objektträgern in einer Feuchtkammer inkubiert. Anschließend wurden die Schnitte drei Mal in TBS/T und einmal in TBS für je 3 min in einer Küvette gewaschen. Es folgte die Benetzung der Schnitte mit einem unverdünnten Tropfen des Sekundärantikörper-Peroxidase-Komplexes Histofine® für 1 h bei RT. Zur Detektion von cleaved-Caspase-3, PDX1, phospho-FoxO1 und phospho-AKT wurde Histofine®-*anti rabbit* eingesetzt. Insulin und Nkx6.1 wurden mit Histofine®-*anti mouse* detektiert, während Ki-67 mit Histofine®-*anti rat* nachgewiesen wurde. Nach der Benetzung mit Histofine® wurde, wie nach der Primärantikörperinkubation, erneut gewaschen und die Schnitte mit 60 – 70 µl Diamino-benzidinreagenz (DAB-Substrat Chromogen, Dako) für 3 - 8 min nach Herstellerangaben behandelt.

MATERIAL UND METHODEN

Ein durch die Peroxidaseaktivität der Sekundärantikörper entstehendes braunes Reaktionsprodukt zeigte das Vorhandensein des nachzuweisenden Proteins an.

Nach dem Abschluss der DAB-Färbung wurden die Schnitte mit Hilfe des Färbeautomaten einer Kernfärbung mittels Hämatoxylin (Bio-Optica, Mailand, Italien) unterzogen und anschließend dehydriert (Tab. 6). Zuletzt wurden die Färbungen mit einem Deckgläschen (Engelbrecht) und Histofluid (Krankenhaus- und Laborbedarf Manfred Fremdling, Furth) eingedeckelt.

Medium	Zeit
Hämatoxylin	0' 10''
Leitungswasser	3' 00''
dH$_2$O	2' 00'
Ethanol, 70 %	0' 30''
Ethanol, 96 %	0' 45''
Ethanol, 99,8 %	3' 00''
Ethanol, 99,8%	4' 00''
Toluen	3' 00''
Toluen	4' 00''

Tab. 6: Dehydrieren von Paraffinschnitten

2.3.4 TUNEL-*Assay* zur Detektion apoptotischer Zellen

Die TUNEL-Methode (*TdT- mediated dUTP-biotin nick end labeling*) ist eine histologische Methode, mit deren Hilfe man Zellkerne apoptotischer Zellen nachweisen kann. Die hier verwendete Methode folgt weitestgehend der 1992 von Gavrieli und Kollegen beschriebenen Prozedur und bedient sich der durch TdT (*terminal desoxynucleotidyl transferase*) katalysierten enzymatischen Bindung freier 3'-OH- Endungen fragmentierter DNA mit Digoxigenin-markierten Nukleotidtriphosphaten (Gavrieli et al., 1992). Durch die spezifische Bindung peroxidasemarkierter Antikörper gegen Digoxigenin kann durch Umsetzung eines DAB-Substrats das Vorhandensein apoptotischer Zellen angezeigt werden. Der Nachweis apoptotischer Zellen in Langerhans-Inseln in Pankreasschnitten wurde nach Herstellerangaben des ApopTag® Plus Peroxidase *In Situ* Apoptosis Detection Kits der Fa. Millipore (Billerica, USA) durchgeführt. Vor dem TUNEL-*Assay* wurden die Schnitte wie unter 2.3.3 beschrieben rehydriert und anschließend einer Hämatoxylinfärbung unterzogen sowie dehydriert.

MATERIAL UND METHODEN

2.3.5 Mikroskopische Auswertung von Färbungen

Die mikroskopischen Untersuchungen wurden hauptsächlich mit dem Forschungsmikroskop Eclipse E1000 (Nikon, Düsseldorf) mit Fluoreszenz und DIC-Ausstattung durchgeführt. Durch eine Digitalkamera (CCD-1300CB, Vosskühler, Stadtroda) in Verbindung mit einer computergestützten Bildanalysesoftware (NIS-Elements, Nikon) wurden die Färbungen dokumentiert sowie morphometrisch ausgewertet. Zur Bestimmung von Gesamtpankreasflächen wurden ausgewählte Objektträger mit einem MIRAX MIDI-Scanner (Fa. Zeiss, Oberkochen) dokumentiert und über eine Software (AxioVision LE, Zeiss) vermessen.

2.3.6 Morphometrische Auswertung von Färbungen

Eine morphometrische Auswertung von immunhistochemischen Gewebefärbungen dient der Quantifizierung von strukturellen Veränderungen sowie der Bestimmung von Expressionsunterschieden untersuchter Proteine. Auf diese Weise wurden Gesamtpankreas- sowie Inselflächen ermittelt sowie die Menge PDX1-, Nkx6.1-, TUNEL- und cleaved-Caspase-3-positiver Zellen in Langerhans-Inseln zahlenmäßig erfasst. Jede Auswertung wurde von 3 – 6 Tieren je Untersuchungsgruppe in 2 – 3 Schnittebenen durchgeführt. Für jeden Untersuchungsparameter wurde zunächst ein Mittelwert aus den ausgewerteten Schnittebenen berechnet und anschließend über alle Tiere je Gruppe gemittelt, sowie die Standardfehler berechnet. Bei den Färbungen des Insulins sowie des p-FoxO1 und p-AKT war eine morphometrische Quantifizierung nicht möglich, weshalb diese nach Veränderungen in der Farbintensität und Lokalisierung des Farbstoffes bewertet wurden.

2.4 Untersuchungen an Zelllinien

2.4.1 Verwendete Zelllinie und Kulturbedingungen

Bei der verwendeten Zelllinie handelte es sich um MIN6 (*mouse insulinoma, sub clone 6*), welche mit freundlicher Genehmigung von Herrn Dr. Miyazaki (Institute for Medical Genetics, Kumamoto, Japan) zur Verfügung gestellt wurde. Diese Zelllinie stammt ursprünglich aus transgenen Mäusen, die nach einer Infektion mit dem Simian-Virus-40-T Antigen β-Zelltumore entwickeln und wurde erstmals 1990 von Miyazaki und Kollegen beschrieben (Miyazaki et al., 1990). Die Zelllinie zeigt morphologische und funktionelle Übereinstimmungen zu pankreatischen β-Zellen und eignet sich daher als Hilfsmittel, um molekulare Mechanismen des β-Zelluntergangs bei T2D zu untersuchen.

MATERIAL UND METHODEN

Alle Arbeiten mit MIN6-Zellen erfolgten unter sterilen Bedingungen unter einer Sterilbank (HERA safe, Heraeus, Hanau), um Kontaminationen zu verhindern. Als Zellkulturmedium wurde DMEM (*Dulbecco's Modified Eagle Medium*, Fa. PAA, Cölbe) mit 10 % fetalem Kälberserum (FCS gold, *fetal calf serum*, Fa. PAA), 1 % Penicillin / Streptomycin (PAA) und 5 mM Glucose eingesetzt. Vor der Aussaat wurden die Zellen in kleinen (5 ml) und großen (10 ml) Zellkulturflaschen (T25 bzw. T75, Biochrom, Berlin) bei 37 °C, 5 % CO_2 und wasserdampfgesättigter Atmosphäre im Brutschrank (HERA cell, Heraeus) kultiviert und ab ca. 50 % Konfluenz durch Trypsinieren passagiert. Für die Versuche wurden Zellen zwischen den Passagen 12 und maximal 28 verwendet.

2.4.2 Aussaat und Kultur von MIN6-Zellen

Die Aussaat der Zellen für den Versuch erfolgte in Zellkultur-Testplatten (6-*well*, Biochrom). Dazu wurde zunächst das Medium in den kleinen und großen Zellkulturflaschen abgesaugt und die Zellen mit 5 bzw. 10 ml PBS (*phosphate buffered saline*, 150 mM NaCl, 2,5 mM KCl, 10 mM Na_2HPO_4, 1,5 mM KH_2PO_4, pH 7,4) gewaschen. Anschließend wurden die Zellen durch Zugabe von 0,5 bzw. 1 ml Trypsin (PAA, Cölbe) abgelöst und in 5 bzw. 10 ml DMEM aufgenommen. Um eine einheitliche Aussaat von 5×10^5 Zellen je *well* in den 6-*well*- Platten zu gewährleisten, musste die Zellzahl in der Suspension bestimmt werden. Durch Auftragen von 10 µl der Zellsuspension in eine Neubauer-Zählkammer konnte die Zelldichte bestimmt werden. In Abhängigkeit von der Zelldichte wurde die passende Menge Suspension in die *wells* der 6-*well*-Platte gegeben und auf 3 ml mit DMEM aufgefüllt. Bis zum Versuch mussten die Zellen 2 - 3 Tage im Brutschrank zu den unter 2.4.1 genannten Bedingungen bis zu ca. 75 % Konfluenz wachsen.

2.4.3 MIN6-Zellen im Versuch

Um Mechanismen des β-Zelluntergangs am Modell der MIN6-Zelle zu untersuchen, wurden die in 6-*well*-Platten über 2 - 3 Tage gewachsenen Zellen unter wechselnden Inkubationsbedingungen weiter kultiviert. Zur Untersuchung der Auswirkungen von Glucose- und Lipidtoxizität wurde die Glucosekonzentration im Medium zwischen 1 mM und 50 mM variiert, sowie die Fettsäure Palmitat (Sigma) als löslicher BSA-Komplex in Konzentrationen von 0,1 - 0,5 mM zugegeben. Die Inkubationsdauer der verschiedenen Medien betrug zwei Tage. Zur Untersuchung von durch Glucolipotoxizität beeinflusstem ER-Stress war eine Behandlung ausgewählter Zellen mit dem Nucleosid-Antibiotikum Tunicamycin (AppliChem, Darmstadt) in einer Konzentration von 2 µg / ml als Positivkontrolle notwendig. Die genauen Behandlungen der Zellen sind dem Ergebnisteil zu den verschiedenen Versuchen zu entnehmen.

MATERIAL UND METHODEN

2.4.4 Immuncytochemische Färbung von Zellproteinen

Die Immuncytochemie ist eine Methode zur antikörpergestützten spezifischen Detektion von Proteinen in Zellen, welche auf Deckgläsern kultiviert wurden. Sie ähnelt der Immunhistochemie, bei der Zielproteine auf Gewebeschnitten mittels Primär- und Sekundärantikörper nachgewiesen werden. Die hier beschriebene Methode wurde genutzt, um den Einfluss glucolipotoxischer Bedingungen auf die Lokalisation des Transkriptionsfaktors FoxO1 in MIN6-Zellen zu untersuchen. Die in 24-*well*-Platten über zwei Tage behandelten Zellen wurden zunächst mit PBS gewaschen und anschließend mit 500 µl 4 % Paraformaldehyd (Roth) je *well* fixiert. Danach wurden die Zellen vier Mal für je 7 min mit PBS gewaschen, bevor sie drei Mal für je 3 min mit 500 µl 20 mM NH_4Cl (Merck) behandelt wurden, um freie Antikörperbindungsstellen am Paraformaldehyd zu blockieren. Zur Permeabilisierung der Zellen folgte eine 20-minütige Behandlung mit 500 µl 0,5 % Triton (Roth) in PBS. Bevor der Primärantikörper auf die Zellen gegeben werden konnte, wurden diese erneut blockiert, indem für 30 min mit 250 µl 0,1 % Tween®20 / 5 % NGS (*normal goat serum*) (Dianova) inkubiert wurde. Der Primärantikörper (FoxO1 (C29H4) mAb) wurde in einer Verdünnung von 1 : 100 in Antikörperverdünnungsmedium (Dako) für 1 h bei RT inkubiert und anschließend erneut dreimal für je 7 min mit 0,1 % Tween®20 / PBS gewaschen. Der Sekundärantikörper (488 anti-rabbit, Invitrogen, Carlsbad, USA) wurde für 30 min in einer Verdünnung von 1 : 200 inkubiert, dann erneut gewaschen und die Deckgläser mit den Zellen mit Fluorescent Medium (Dako) auf Objektträgern fixiert.

Die mikroskopische Erfassung der Färbung wurde mit dem Forschungsmikroskop Eclipse E1000 bei einer Fluoreszenzwellenlänge von 488 nm durchgeführt.

2.5 Arbeitsmethoden in der Primärzellkultur

2.5.1 Isolation von Langerhans-Inseln

Die Gewinnung von Langerhans-Inseln aus Mauspankreata folgte im Wesentlichen der 1985 von Gotoh und Kollegen entwickelten Methode (Gotoh et al., 1985). Diese Methode erlaubt eine saubere Präparation intakter Langerhans-Inseln durch Collagenase-Verdau des exokrinen Pankreas.

Die Isolation von Langerhans-Inseln wurde bei ungefasteten NZO sowie ob/ob Mäusen im Alter von 18 ± 2 Wochen durchgeführt. Zunächst wurden die Tiere durch zervikale Dislokation getötet, der Bauchraum geöffnet und der Gallengang frei präpariert. Der Zugang des Gallengangs in den Zwölffingerdarm wurde mit einer Hamilton-Klemme (FST Medizintechnik, Bad Oeynhausen) blockiert und dann 3 ml Collagenase P (Roche, Mannheim) in einer Konzentration von 1 mg/ml in HBSS (*hanks buffered salt solution*; Fa. PAA) mit 25 mM HEPES (PAA), 0,5 % BSA (MP Biomedicals, Eschwege), pH

MATERIAL UND METHODEN

7,4 injiziert. Das perfundierte Pankreas wurde anschließend entnommen und in 2 ml Collagenaselösung in einem Glasgefäß bei 37 °C in einem Wasserbad verdaut. Die Dauer des Verdauvorgangs richtete sich nach der Charge der Collagenase und dem Tiermodell. Die Pankreata von NZO-Mäusen wurden für 9 – 10 min verdaut, während ob/ob- Pankreata eine kürzere Verdauzeit von ca. 7 – 8 min hatten. Der Verdauvorgang wurde durch Zugabe von 2 ml eiskaltem RPMI 1640 (PAA) inklusive 10 % FCS gold (PAA) und 1 % Penicillin / Streptomycin (PAA) gestoppt und die Inseln durch mehrfache Aspiration in eine 5 ml Spritze mit 18 G x 11'2 Kanüle (BRAUN® Sterican, B.Braun AG, Melsungen) herausgelöst. Die Suspension, bestehend aus Inseln und großen Anteilen an exokrinem Pankreas, wurde je zwei Mal mit HBSS und RPMI 1640 für 5 min gewaschen und die Inseln durch Picken in einer Zellkulturschale (60 x 15, Sarstedt, Nümbrecht) von Schwebeteilchen befreit. Auf diese Weise mussten die Inseln 3 – 4-mal in neue Zellkulturschalen mit RPMI 1640 passagiert werden, um eine vollständige Aufreinigung der Inseln zu gewährleisten. Die Injektion der Collagenaselösung sowie das Picken der Inseln wurden unter einem Stereomikroskop mit Lichtquelle (Leica DFC420, KL1500 LED, Leica Microsystems, Wetzlar) vorgenommen.

2.5.2 Kultur von Langerhans-Inseln

Nach der Isolation mussten die durch den Verdau gestressten Inseln regeneriert werden, bevor man sie für die Anwendung verschiedener Kulturbedingungen einsetzen konnte. Dazu wurden maximal 150 Inseln in Zellkulturschalen (60 x 15, Sarstedt) mit 6 ml RPMI 1640 inklusive 10 % FCS, 11 mM Glucose und 1 % Penicillin / Streptomycin für ein bis drei Tage kultiviert und das Medium täglich gewechselt, um tote Zellen zu entfernen. Die Kultur erfolgte bei 37 °C und 5 % CO_2 in einer wasserdampfgesättigten Atmosphäre im Brutschrank (HERA cell, Heraeus, Hanau). Diejenigen Inseln, die für eine Transkriptomanalyse via DNA-*Microarray*-Chip-Technik oder qRT-PCR vorgesehen waren, wurden nach der Isolation maximal 1 h in oben genanntem Medium belassen, da eine längere Inkubation einen Einfluss auf die Expression der zu untersuchenden Gene haben könnte.

2.5.3 Untersuchungen der Langerhans-Inseln unter glucolipotoxischen Bedingungen

Neben der Untersuchung glucolipotoxischer Bedingungen in MIN6-Zellen war der Einfluss von Glucose und Fettsäuren auf molekulare Veränderungen in isolierten Inseln von Bedeutung. Die Inseln der beiden Mausstämme NZO und ob/ob wurden dazu nach der Regenerationsphase unter verschiedenen Glucosekonzentrationen in An- und Abwesenheit von 0,3 mM Palmitat für zwei Tage kultiviert. Die Glucosekonzentration im Medium variierte von 2,8 mM bis 38,7 mM. Bei der Überprüfung ob glucolipotoxische Bedingungen ER-Stress ausüben, wurde einem Ansatz das ER-

MATERIAL UND METHODEN

Stress induzierende Antibiotikum Tunicamycin in einer Endkonzentration von 2 µg / ml zugesetzt. Sämtliche Behandlungen fanden bei 37 °C, 5 % CO_2 in einer wasserdampfgesättigten Atmosphäre in einem Brutschrank (HERA cell, Heraeus) statt. Die genauen Behandlungen der Inseln sind dem Ergebnisteil zu den verschiedenen Versuchen zu entnehmen.

2.5.4 Bestimmung der Glucose-stimulierten Insulinsekretion (GSIS)

Nach der Isolation der Inseln mittels Collagenaseverdau wurden diese für mindestens zwei Tage in RPMI 1640 (11 mM Glucose) regeneriert. Vor Durchführung des GSIS mussten die Inseln zunächst für 1 h gehungert werden, indem sie in einer Zellkulturschale (60 x 15, Sarstedt) getrennt nach Tier in Krebs-Ringer-Puffer mit 2,8 mM Glucose inkubiert wurden. Anschließend kamen die Inseln in einer Dreifachbestimmung zu je 15 Stück in die *wells* einer 12-*well*-Platte (Biochrom) mit zunächst 2,8 mM Glucose. Nach einer weiteren Stunde wurden die Inseln in KRBH mit 16,7 mM Glucose überführt und erneut 1 h inkubiert. Zuletzt wurden die Inseln in die *wells* mit KRBH und 2,8 mM sowie 35 mM KCl überführt und nach 1 h für die DNA-Konzentrationsbestimmung entnommen. Das freigesetzte Insulin wurde aus den Überständen der drei Konditionen mittels eines ELISA-Tests (siehe 2.7.8.1) bestimmt und mit der DNA-Konzentration der Inseln (siehe 2.1.5) normalisiert. Alle Inkubationen fanden in einem Brutschrank (Heraeus) bei 37 °C, 5 % CO_2 in einer wasserdampfgesättigten Atmosphäre statt. Das Überführen der Inseln wurde auf einer Heizplatte bei 37 °C durchgeführt.

KRBH:

115 mM NaCl (Roth)
4,5 bzw. 35 mM KCl (Roth)
1,2 mM KH_2PO_4 (Fluka)
1,2 mM $MgSO_4 \cdot 7H_2O$ (Roth)
2,6 mM $CaCl_2 \cdot 2H_2O$ (Merck)
10 mM HEPES (PAA)
20 mM $NaHCO_3$ (Merck)
pH 7,4
0,2 % BSA (MP Biomedicals)
2,8 bzw. 16,7mM Glucose (Merck)

MATERIAL UND METHODEN

2.6 Tierexperimente

2.6.1 Verwendete Mausmodelle

Bei den verwendeten Mausmodellen handelte es sich ausschließlich um Männchen des Inzuchtstamms NZO (*New Zealand Obese*) als Substamm NZOHlBomDife (Dr. R. Kluge, Deutsches Institut für Ernährungsforschung, Potsdam-Rehbrücke) sowie um Männchen der Linie B6.V-$Lep^{ob/ob}$/JBomTac (ob/ob), die von der Firma Taconic (Bomholt, Dänemark) bezogen wurden. Die NZO-Maus stellt ein Modell für das humane polygene metabolische Syndrom mit Adipositas, Insulinresistenz, Bluthochdruck und T2D dar (Crofford und Davis, 1965; Junger et al., 2002; Ortlepp et al., 2000). Die verwendeten ob/ob-Mäuse tragen eine Mutation im Leptingen auf dem genetischen Hintergrund der C57BL/6J (B6)-Maus. Sie bilden kein funktionelles Leptin und sind deshalb hyperphag und werden extrem adipös. Im Gegensatz zu den NZO-Mäusen entwickeln diese Tiere keinen Diabetes (Coleman und Hummel, 1973).

2.6.2 Zucht- und Haltungsbedingungen

Die Haltung und Zucht der Tiere erfolgte nach den Richtlinien des NIH (*National Institutes of Health*) für Pflege und Nutzung von Versuchstieren sowie durch das MUGV (Ministerium für Ländliche Entwicklung, Umwelt und Verbraucherschutz) des Landes Brandenburg. Die Haltung, Zucht und die Tierversuche fanden im MRL (Max-Rubner-Laboratorium) des Deutschen Instituts für Ernährungsforschung, Potsdam-Rehbrücke, statt. Die Tierversuche wurden unter den Genehmigungsnummern 23-2347-8-21-2008 und V3-2347-31-2011 beim Landesamt für Umwelt, Gesundheit und Verbraucherschutz geführt.

Alle Tiere wurden bei 20 ± 2 °C, einer relativen Luftfeuchtigkeit von 50 – 60 % sowie bei einem Tag-Nacht-Regime von 12 h (Lichtphase 06 : 00 Uhr bis 18 : 00 Uhr) in Typ II und Typ III Makrolon-Käfigen (EBECO, Castrop-Rauxel) gehalten.

2.6.3 Diätetische Interventionen

2.6.3.1 Verwendete Diäten

In den Zuchtkäfigen wurde den NZO-Tieren eine Standardhaltungsdiät (V153 x R/MH, Ssniff®, Soest) (3,06 kcal / g) verabreicht. Diese Diät wurde den Jungtieren nach Absatz in der 3. Lebenswoche für weitere zwei Wochen gegeben, bevor sie die Experimentaldiäten erhielten. Ab der 5. Lebenswoche wurden alle NZO sowie ob/ob-Tiere mit einer selbst gemischten fettreichen, aber kohlenhydratfreien

MATERIAL UND METHODEN

(-CH, *no carbohydrates*) Experimentaldiät mit einem Energiegehalt von 7,00 kcal/g gefüttert. In der 18 ± 2. Lebenswoche wurde ausgewählten Versuchsgruppen eine fett- und kohlenhydrathaltige Diät (+CH, *high fat diet with carbohydrates*) mit einem Energiegehalt von 5,23 kcal/g über einen Zeitraum von zwei bis 32 Tagen verabreicht. Die Zusammensetzung der -CH und +CH-Diät ist in Tab. 7 angegeben.

Inhaltsstoff	Anteil im Futter (%)		Hersteller
	-CH	+CH	
Casein	20	20	Bayerische Milchindustrie eG, Landshut
Kokosfett	33,5	13,5	Ostthüringer Nahrungsmittelwerk, Gera
Margarine	33,5	13,5	Ostthüringer Nahrungsmittelwerk
Distelöl	0,5	0,5	Kunella Feinkost, Cottbus
Leinöl	0,5	0,5	Kunella Feinkost
Mikrocellulose	5	5	J. Rettenmaier & Söhne, Ellwangen
Mineralstoffmix	5	5	Altromin, Lage
Vitaminmix	2	2	Altromin
Saccharose	0	10	Pfeifer & Langen KG, Köln
Stärke	0	30	Kröner Stärke, Ibbenbüren

Tab. 7: Zusammensetzung der Experimentaldiäten

2.6.4 Bestimmung des Körpergewichts

Das Körpergewicht der Mäuse wurde mit Hilfe einer elektronischen Waage (Fa. Sartorius, Göttingen) morgens in der Zeit von 08:00 Uhr – 09:00 Uhr bestimmt. Gewichtsbestimmungen wurden während der -CH und +CH-Fütterung stichprobenartig durchgeführt um den Gesundheitszustand der Tiere zu überprüfen. Ab einem Gewichtsverlust von mehr als 25 % wurden die Tiere aus ethischen Gesichtspunkten euthanasiert. Die Körpermassen der Tiere wurden unmittelbar vor der regulären Euthanasie erneut gemessen.

2.6.5 Bestimmung der Blutglucose

Die Blutglucosemessung erfolgte zu Beginn der Kohlenhydratfütterung, sowie unmittelbar vor Euthanasie eines jeden Tieres mit einem Blutzuckerhandmessgerät (ASCENSIA Contour®, Bayer Vital GmbH, Leverkusen). Zur Gewinnung eines Bluttropfens wurde die Schwanzspitze mit Hilfe einer

MATERIAL UND METHODEN

Schere oder eines Skalpells leicht verletzt und der Bluttropfen (< 5 µl) von einem Messstreifen aufgenommen. Nach 5 s konnte der Messwert in mmol/l abgelesen werden.

2.6.6 Blutentnahme zur Plasmagewinnung

Zur Bestimmung der Konzentration von freien Fettsäuren und Triglyceriden war die Gewinnung von Blutplasma notwendig. Das Blutplasma wurde dabei nach der Euthanasie des Tieres aus der gesamten Menge dem Körper entnommenen Bluts gewonnen. Hierzu wurde mit einer Kanüle (24 G x 1") und einer Spritze (Omnifix®-F 1 ml, B.Braun AG, Melsungen) das Körperblut aus der Hohlvene (*vena cava*) entnommen und anschließend für 5 min bei 13.000 rpm und 4 °C zentrifugiert. Der klare Überstand, das Plasma, wurde abgenommen, aliquotiert und für eine spätere Verwendung bei -80 °C eingefroren.

2.6.7 Euthanasie und Organentnahme

Die Tötungsart der Tiere zur Organentnahme bzw. Inselisolation richtete sich danach, ob das Blut zur Plasmagewinnung benötigt wurde. War dies nicht der Fall, wurde auf eine zervikale Dislokation zurückgegriffen. Im Fall einer Blutentnahme über die *vena cava* wurden die Tiere durch tiefe Isoflurananästhesie (cp-pharma, Burgdorf) getötet. Alle Versuchstiere wurden ungefastet morgens in der Zeit von 08 : 00 Uhr bis 10 : 00 Uhr getötet. Die entnommenen Gewebe wurden je nach Verwendungszweck unmittelbar in flüssigem Stickstoff bei -196 °C eingefroren oder in Einbettkassetten für die Histologie verbracht um sie für 24 h in 4 % Formaldehyd / PBS zu fixieren. Das für die Inselisolation benötigte Pankreas wurde nach Perfusion mit Collagenaselösung präpariert.

2.6.8 Bestimmung von Plasmaparametern

Alle unten genannten Plasmaparameter wurden mit kommerziell erhältlichen Kits nach Herstellerangaben bestimmt. Sämtliche Messungen wurden freundlicherweise von Andrea Teichmann (Abt. DIAB, DIfE) durchgeführt.

2.6.8.1 Insulin

Die Insulinkonzentration von je 5 µl Blutplasma wurde mit Hilfe des Insulin (Mouse) Ultrasensitive ELISA- Kits (ALPCO, Salem, USA) bestimmt. Das Messprinzip beruht auf der spezifischen Bindung des Insulins an, in einer 96-*well* Platte, immobilisierten anti-Insulin-Antikörper und anschließender Bindung eines weiteren POD-markierten anti-Insulin-Antikörpers (2-Seiten-Enzymimmunassay).

MATERIAL UND METHODEN

Durch Zugabe des Substrats TMB (3,3',5,5'-Tetramethylbenzidin) entsteht ein blaues Reaktionsprodukt, dessen Menge direkt proportional zur Plasmainsulinkonzentration ist. Die Vermessung und Auswertung der Platte wurde mit Hilfe einer Eichreihe und einem Plattenlesegerät (SpectraMax M2, Molecular Devices, Sunnyvale, USA) bei 450 nm und einer Referenzwellenlänge von 620 nm durchgeführt.

2.6.8.2 Proinsulin

Das Proinsulin im Blutplasma wurde mit Hilfe des Proinsulin (Mouse) ELISA Kits (ALPCO) bestimmt. Für jede Messung waren 10 µl Plasma notwendig. Das Messprinzip ist identisch zur Insulinbestimmung (2.6.8.1) und beruht ebenso auf einem 2-Seiten-Enzymimmunassay, der bei 450 bzw. 620 nm in einer 96-well Platte vermessen wurde.

2.6.8.3 Glucagon

Die Messung des Glucagons beruht auf einem kompetitiven Enzymimmunassay (YK090 Glucagon, EIA, Yanaihara Institute Inc., Shizuoka, Japan). Bei dieser Methode wird ein Gemisch aus Biotin-markiertem Glucagon und dem Blutplasma (mit unmarkiertem Glucagon) in eine 96-well Platte mit immobilisiertem anti-Glucagon-Antikörper gegeben. In einer kompetitiven Reaktion bindet markiertes und unmarkiertes Glucagon, worauf dann POD-markiertes Streptavidin zugefügt wird. Im Anschluss wird die POD-Aktivität durch Zugabe von OPD (o-Phenylendiamin-Dihydrochlorid) in einer Farbreaktion angezeigt. Die Zunahme des Farbstoffs ist indirekt proportional zur Menge des im Plasma enthaltenen Glucagons.

2.6.8.4 Triglyceride und freies Glycerol

Zur gemeinsamen Bestimmung von Triglyceriden sowie freiem Glycerol im Plasma der Tiere konnte das Serum Triglyceride Determination Kit (Sigma, Hamburg) verwendet werden. Dieses Kit nutzt einen gekoppelten enzymatischen Test bei dem zunächst das im Plasma enthaltende freie Glycerol bestimmt wird. Über eine Glycerolkinase mit Hilfe von ATP wird zunächst Glycerol in Glycerol-1-Phosphat (G1P) umgesetzt. Das G1P wiederum wird über eine Glycerolphosphat-Oxidase mit Sauerstoff zu Dihydroxyacetonphosphat und H_2O_2 umgesetzt. In einer dritten enzymatischen Reaktion wird das H_2O_2 mit einer Peroxidase und 4-Aminoantipyrin (4-AAP) sowie Natrium-N-Ethyl-N-(3-Sulfopropyl)-m-Anisidin (ESPA) zu einem gelb-grünen Chinoniminfarbstoff umgesetzt, dessen Absorption bei 540 nm gemessen wurde. Die Absorption ist direkt proportional zur Konzentration freien Glycerols im Plasma.

Zur Bestimmung der Triglyceride wurde den oben genannten Reaktionen eine zusätzliche Lipase-Reaktion vorangestellt. Die Triglyceride wurden dabei durch eine Lipoproteinlipase in Glycerol und

MATERIAL UND METHODEN

freie Fettsäuren umgesetzt. Das aus Triglyceriden gebildete Glycerol wurde nach den oben genannten Reaktionen in den Chinoniminfarbstoff umgesetzt und bei 540 nm vermessen und die Menge freien Glycerols abgezogen.

2.6.8.5 Freie Fettsäuren

Die Bestimmung von freien Fettsäuren im Plasma wurde mit dem NEFA-HR(2)- Kit (Wako, Richmond, USA) durchgeführt. Dieses Kit beruht sich auf die ACS-ACOD-Methode, einem gekoppelt enzymatischen Test. Die im Plasma enthaltenen freien Fettsäuren werden zunächst über eine Acyl-CoA-Synthetase (ACS) mit ATP und Coenzym A zu Acyl-Coenzym A und Adenosinmonophosphat (AMP) sowie anorganischem Diphosphat umgesetzt. Das Acyl-CoA reagiert in einem weiteren Schritt über eine Acyl-CoA-Oxidase (ACOD) mit Sauerstoff zu 2,3-trans-Enoyl-CoA und H_2O_2. Das gebildete H_2O_2 wird für eine Farbreaktion genutzt, bei der es mit 4-Amino-Phenazon und 3-Methyl-N-Ethyl-N-(β-Hydroxyethyl)-Anilin (MEHA) mittels einer POD zu Wasser und einem roten Chinonimin-Farbstoff reagiert. Die Intensität des Farbstoffs ist direkt proportional zur Konzentration freier Fettsäuren und wurde bei 550 nm vermessen.

2.7 Datenanalyse

2.7.1 Graphische Darstellung und Tabellenkalkulation

Alle erhaltenen Daten und Messergebnisse wurden mit dem Tabellenkalkulationsprogramm Microsoft® Excel 2002 (Microsoft Corporation, Redmond, USA) erfasst und ausgewertet. Die grafische Darstellung der analysierten Daten erfolgte ebenfalls mit Microsoft® Excel 2002 sowie mit den Programmen SigmaPlot v11.0 (London, UK), GraphPad Prism v4.0 (GraphPad Software, La Jolla, USA) und Microsoft® PowerPoint 2002. Die Bearbeitung von digitalen Bilddaten erfolgte mit der Software Corel® PhotoPaint v12.0 (Ottawa, Kanada), AxioVision LE (Zeiss, Oberkochen) sowie NIS Elements (Nikon, Düsseldorf).

2.7.2 Deskriptive Statistik und Vergleich der Mittelwerte

Alle erhaltenen Daten wurden mit Hilfe der Software SPSS für Windows v16.0 statistisch abgesichert. Aufgrund des geringen Stichprobenumfangs vieler Analysen wurden die Mittelwerte der Untersuchungsgruppen mit einem parameterfreien U-Test nach Mann Whitney verglichen. Dieser Test prüft, ob zwei unabhängige Stichproben einer Grundgesamtheit gleich sind, bzw. ob die Stichproben nicht nur zufällig größere bzw. kleinere Elemente besitzen. Ein Vorteil dieses Tests ist, dass er auch

MATERIAL UND METHODEN

im Fall nicht-normalverteilter Werte auf Gleichheit der Mittelwerte testet. Einzige Bedingung in dem Fall ist die ordinale Verteilung der Stichproben (Mann und Whitney, 1947).

Alle untersuchten Plasmaparameter wurden in einer Stichprobenzahl von mindestens 4 – 12 Tieren pro Gruppe verglichen. Die morphometrischen Daten histologischer Färbungen wurden zunächst in mehreren Schnittebenen gemittelt und anschließend von 3 – 6 Tieren statistisch verglichen. Zur statistischen Erfassung von Western-Blot-Untersuchungen wurden die von mindestens drei Experimenten quantifizierten Bandenintensitäten im Verhältnis zu einer geeigneten endogenen Kontrolle verglichen. Alle Daten wurden bei einem p-Wert von kleiner oder gleich 0,05 als signifikant verschieden eingestuft (Janssen und Laatz, 2005).

ERGEBNISSE

3 Ergebnisse

3.1 Kohlenhydratvermittelter Typ-2-Diabetes in der NZO-Maus

Frühere Untersuchungen an männlichen NZO-Mäusen hatten gezeigt, dass eine kohlenhydratfreie, fettreiche Ernährung die Tiere trotz massiver Adipositas vor der Entstehung einer Hyperglykämie schützt, während Kohlenhydrate in der Nahrung einen Typ-2-Diabetes auslösen (Jürgens et al., 2007). Diese Erkenntnis wurde bereits in meiner Diplomarbeit aufgegriffen und eine diätetische Zeitverlaufsstudie konzipiert, in der männliche NZO-Mäuse zunächst durch kohlenhydratfreie, fettreiche Ernährung auf einen hohen Grad an Adipositas, begleitet von Insulinresistenz, gefüttert wurden. Anschließend wurde eine rasche Entwicklung eines T2D durch 16-tägige Gabe einer kohlenhydrathaltigen Diät induziert. Aus diesem Versuch ging hervor, dass sich trotz anfänglich massiver Insulinausschüttung bereits nach zwei Tagen eine ausgeprägte Hyperglykämie entwickelte, welche bei fortgesetzter Kohlenhydratfütterung (16 Tage) zu einem Abfall der Plasmainsulinspiegel und einem β-Zelluntergang führte. Dieser Prozess wurde von einer Internalisierung des Glucosetransporters GLUT2 sowie von einem Verlust des insulingenspezifischen Transkriptionsfaktors MafA begleitet (Kluth, 2008).

3.1.1 Einfluss der Kohlenhydratfütterung auf die Sekretion des Proinsulins und Glucagons

In meiner Diplomarbeit wurde bereits gezeigt, dass die Umstellung auf eine kohlenhydrathaltige Diät zu einem kontinuierlichen Anstieg des Blutzuckers von $9,9 \pm 0,3$ mM auf $23,9 \pm 0,5$ mM am Tag 16 führte. Die Hyperglykämie war begleitet von einem initialen Anstieg der Plasmainsulinspiegel von $1,19 \pm 0,1$ nM auf $6,11 \pm 0,58$ nM bis zum Tag acht, welcher jedoch bis zum Tag 16 wieder auf $2,75 \pm 0,3$ nM abfiel (Abb. 5A) (Kluth, 2008).

Für den Menschen ist beschrieben, dass eine chronische Hyperglykämie von einem veränderten Proinsulin zu Insulinverhältnis (Hyperproinsulinämie) im Plasma begleitet ist. Die Ursache dafür wird sowohl in einem gesteigerten Bedarf als auch in einer Prozessierungsstörung des Insulins vermutet (Alarcon et al., 1995). Weiterhin ergaben Untersuchungen an Rattenmodellen mit einem T2D, dass unter diesen Umständen auch ein erhöhtes Proinsulin-Insulin-Verhältnis in den Inseln vorliegt (Borjesson und Carlsson, 2007).

Um zu prüfen, ob das durch die kohlenhydratinduzierte Hyperglykämie freigesetzte Insulin zu einem Anteil aus unprozessiertem Proinsulin besteht, wurde die Proinsulinkonzentration im Plasma der

ERGEBNISSE

Tiere im Zeitverlauf bestimmt. Vergleicht man den Verlauf der Insulinwerte mit denen des Proinsulins, so zeigt sich hier ein ähnlicher Verlauf. Nach Umstellung der Tiere auf eine diabetogene Diät stieg die Proinsulinsekretion bis zum Tag acht stark an, fiel bis zum Tag 16 jedoch wieder ab. Vergleicht man das Verhältnis von Proinsulin zu Insulin am Initialtag (Tag 0) so betrug das Verhältnis zunächst 1 : 103, während es am Tag acht zu einem höheren Anteil des Proinsulins (1 : 23) verschoben wurde (Abb. 5B). Wie beim Insulin deutet das Absinken des Proinsulins zum Ende der Fütterung (Tag 16) auf eine nachlassende Fähigkeit der Inseln hin, adäquate Mengen Insulin zu synthetisieren.

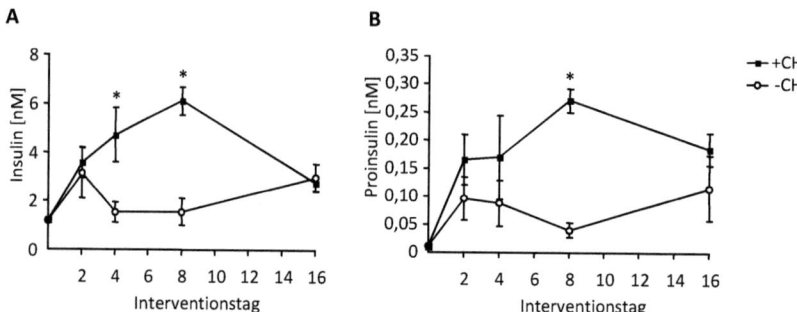

Abb. 5: Entwicklung der Insulin- und Proinsulinkonzentrationen im Plasma von NZO-Mäusen. Dargestellt sind die Mittelwerte ± SEM der Plasmainsulin- (A) sowie Plasmaproinsulinkonzentrationen (B) von je 7 – 12 Tieren im Verlauf von 16 Tagen nach diätetischer Intervention. Signifikante Unterschiede (* p ≤ 0,05) wurden mit einem parameterfreien U-Test nach Mann-Whitney berechnet. (-CH: *no carbohydrate, fat enriched diet*; +CH: *fat enriched diet with carbohydrates*)

Aufgrund dieser Befunde wurde die Menge und Verteilung von Insulin sowie Proinsulin in den Langerhans-Inseln im Zeitverlauf der Kohlenhydratfütterung immunhistochemisch bestimmt. Die durch fortgesetzte Kohlenhydratrestriktion ernährten Tiere wiesen über den gesamten Interventionszeitraum von 16 Tagen keine Veränderungen in der Immunreaktivität von Insulin (DAB-Braunfärbung) auf. Die äußere Form der Inseln war zu jedem Zeitpunkt rund und klar vom exokrinen Pankreas abgegrenzt. Im Gegensatz dazu führte die Kohlenhydratgabe zu einer raschen Degranulierung der Inseln, welche bereits am Tag vier erkennbar war. Im weiteren Verlauf der Kohlenhydratfütterug verminderte sich die Menge des Insulins zunehmend und spiegelte die am Tag 16 verringerten Plasmainsulinkonzentrationen wieder. Neben der starken Degranulierung der β-Zellen am Tag 16 war eine beginnende morphologische Veränderung der Inseln mit Verlust des Zellverbands beobachtbar (Abb. 6A).

Vergleicht man die immunhistochemische Färbung des Proinsulins mit der des Insulins im Zeitverlauf, so zeigen sich hier Gemeinsamkeiten. Die kohlenhydratfrei ernährte Gruppe besaß über den gesamten Interventionszeitraum eine stabile Immunreaktivität für Proinsulin, was auf eine

ERGEBNISSE

kontinuierliche Insulinsynthese hindeutete. Nach Gabe der diabetogenen Diät war eine beginnende Verminderung des Proinsulins ab Tag acht beobachtbar. Am Tag 16 konnte immunhistochemisch so gut wie kein Proinsulin mehr nachgewiesen werden (Abb. 6B).
Diese Ergebnisse zeigen, dass die Insulinsynthese im Zuge des entwickelnden Diabetes beeinträchtigt war und keine Prozessierungsstörung von Proinsulin zu Insulin vorlag.

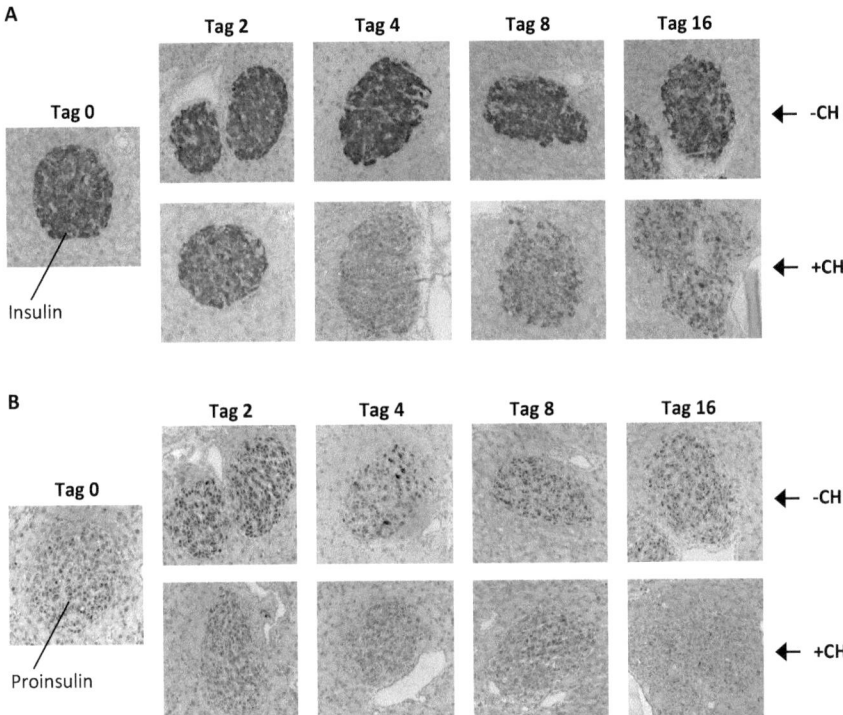

Abb. 6: Immunhistochemische Analyse der Proinsulin- und Insulinmenge in Langerhans-Inseln von NZO-Mäusen. Gezeigt sind repräsentative Aufnahmen einer Insulin- (A) und Proinsulinfärbung (B) des Pankreas von -CH bzw. +CH gefütterten NZO-Mäusen im Verlauf von 16 Tagen. (-CH: *no carbohydrate, fat enriched diet*; +CH: *fat enriched diet with carbohydrates*)

Die morphometrische Auswertung der Inselzusammensetzung während meiner Diplomarbeit ergab, dass beginnend am Tag acht eine Verminderung der β-Zellen eintrat. Trotz Schwankungen in der Inselgröße blieb die Zahl der glucagonproduzierenden α-Zellen konstant (Kluth, 2008). Diese Auswertung gab jedoch keine Auskunft über die Menge sezernierten Glucagons während der Diabetesentstehung. Bereits im Jahre 1978 wurden von Unger und Kollegen Untersuchungen an Diabetikern angestellt, die die so genannte bihormonale Hypothese, d.h. die Beteiligung hoher

ERGEBNISSE

Glucagonspiegel am diabetischen Phänotyp, bestätigen sollten. Diese Untersuchungen zeigten, dass Diabetiker trotz des Vorhandenseins von Insulin gesteigerte Glucagonspiegel aufwiesen (Unger, 1978). Zur Untersuchung eines möglichen Einflusses des progressiven T2D in der NZO-Maus wurden die Plasmaglucagonspiegel bestimmt. Die Auswertung dieser Messung ergab, dass Kohlenhydratrestriktion bzw. Kohlenhydratfütterung zunächst zu einem leichten Abfall der Glucagonlevel führten, dieser im weiteren Zeitverlauf aber zwischen den Gruppen einheitlich und unverändert blieb. Im Vergleich zum Insulin beträgt der Glucagonanteil im Blut am Tag 0 nur etwa ein Hundertstel (Abb. 7). Das hier verwendete Modellsystem konnte die von Unger und Kollegen beschriebene gesteigerte Glucagonsekretion zumindest innerhalb des kurzen Zeitraums der Hyperglykämie nicht bestätigen.

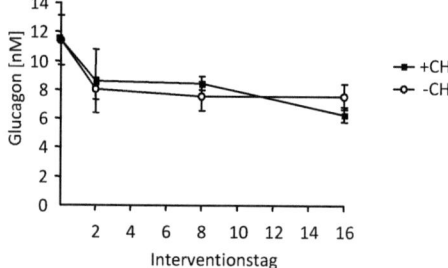

Abb. 7: Verlauf der Glucagonspiegel bei -CH bzw. +CH gefütterten NZO-Mäusen. Gezeigt sind die Mittelwerte ± SEM von je 4 – 5 NZO-Mäusen zu den angegebenen Zeitpunkten bei –CH und +CH-Fütterung. Mittels eines statistischen U-Tests konnten keine signifikanten Unterschiede zwischen den Gruppen festgestellt werden. (-CH: *no carbohydrate, fat enriched di*et; +CH: *fat enriched diet with carbohydrates*)

3.1.2 Apoptose von insulinproduzierenden β-Zellen

3.1.2.1 Kohlenhydratinduzierter β-Zelluntergang in der NZO-Maus

Die in Vorarbeiten durchgeführten Färbungen von Insulin und Glucagon in Langerhans-Inseln von NZO-Mäusen wurden hinsichtlich der β- und α-Zellzahl morphometrisch ausgewertet. Nach acht Tagen Kohlenhydratfütterung zeichnete sich ein Verlust von β-Zellen ab, der durch eine veränderte Inselmorphologie am Tag 16 gekennzeichnet war (Kluth, 2008). Um zu prüfen, ob der durch Kohlenhydrate ausgelöste β-Zellverlust ein durch Apoptose ausgelöstes Ereignis ist, wurden Färbungen gegen fragmentierte DNA (TUNEL) sowie gegen die Effektor-Protease Caspase-3 auf NZO-Pankreasschnitten vorgenommen.

Übereinstimmend zu dem in der Diplomarbeit nachgewiesenen β-Zellverlust ab Tag acht stieg die Anzahl TUNEL-positiver Kerne zu diesem Zeitpunkt sprunghaft an, während in beiden Fütterungsgruppen bis zum Tag vier nahezu keine apoptotischen Zellen nachgewiesen werden konnten. Die

ERGEBNISSE

Bestimmung der Anzahl TUNEL-positiver Kerne ergab für die Tage acht und 16 einen signifikanten Anstieg von 0 % auf etwa 0,3 % in der +CH gefütterten Gruppe (Abb. 8A). Vergleicht man den TUNEL-*Assay*-basierten Nachweis apoptotischer β-Zellen in den Inseln mit einer Immunfärbung gegen Caspase-3, ergibt sich ein ähnliches Resultat. Zu den untersuchten Zeitpunkten (Tag 0, 8, 16) war eine deutlich erhöhte Anzahl Caspase-3-positiver Kerne ab Tag acht sichtbar, welche sich bis zum Tag 16 weiter steigerte. Die Auszählung der Caspase-3- positiven Zellen ergab einen signifikanten Anstieg apoptotischer Zellen von 0,4 % am Tag null auf 0,99 % am Tag acht bzw. auf 2,19 % am Tag 16 bei Fütterung der diabetogenen Diät (Abb. 8B).

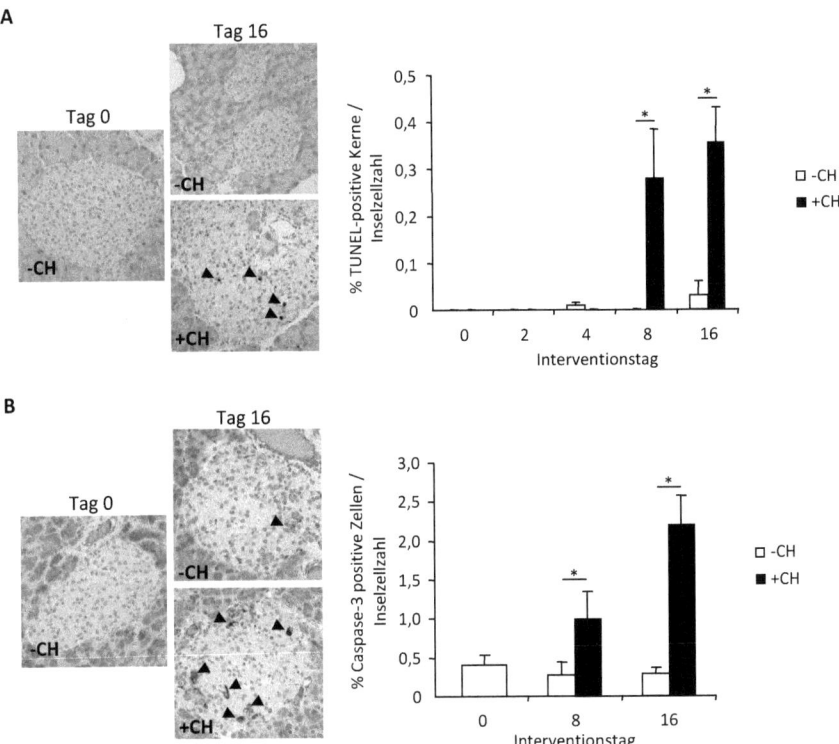

Abb. 8: Nachweis apoptotischer Zellen in Langerhans-Inseln von NZO-Mäusen nach mehrtätiger Kohlenhydratfütterung. Dargestellt sind repräsentative Aufnahmen von Färbungen gegen zwei Apoptosemarker auf Langerhans-Inseln vom Tag null und 16 bei Fütterung von -CH oder +CH. Von je 3 - 6 Tieren pro Gruppe wurde in 2 - 3 Schnittebenen die Anzahl positiv-gefärbter Zellen morphometrisch ausgewertet. (A) Färbung von fragmentierter DNA mittels eines TUNEL-*Assays* (linke Abbildung) und morphometrische Auswertung (rechte Abbildung). (B) Immunfärbung von Caspase-3 (linke Abb.) und morphometrische Auswertung (rechte Abb.). Gezeigt ist der prozentuale Anteil ± SEM positiver Zellen zur Gesamtinselzellzahl eines Schnittes. Signifikante Unterschiede wurden mit einem parameterfreien U-Test ermittelt (* $p \leq 0,05$). (Kernfärbung: Hämatoxylin) (-CH: *no carbohydrate, fat enriched di*et; +CH: *fat enriched diet with carbohydrates*)

ERGEBNISSE

Bei ausgewählten Tieren wurde die Fütterung der kohlenhydrathaltigen Diät bis auf 32 Tage fortgesetzt, um zu zeigen, dass der sich entwickelnde Diabetes in einer völligen Zerstörung der Inselstruktur des Pankreas mündet. Der zu diesem Zeitpunkt gemessene Blutzucker betrug im Mittel 25,3 ± 2,1 mM, was den extremen Diabetes dieser Tiere widerspiegelt. Einzelne Tiere erreichten dabei die obere Messgrenze des Blutzuckermessgeräts von 33,4 mM. Die Vergleichstiere (-CH) wiesen zu diesem Zeitpunkt einen mittleren Blutzucker von 8,2 ± 0,3 auf. Eine Übersichtsfärbung mit Hämatoxylin-Eosin zu diesem Zeitpunkt ergab, dass die Kohlenhydratfütterung eine völlige Zerstörung der Langerhans-Inseln in vielen Tieren verursachte. Wenige verbliebene Inselzellen waren strukturlos im exokrinen Pankreasgewebe verteilt und enthielten kaum noch nachweisbares Insulin und wiesen eine hohe Zahl apoptotischer Zellen auf. Im Vergleich dazu blieben die Insel in der -CH-Gruppe erhalten und zeigten weder Apoptose noch eine Degranulierung (Abb. 9).

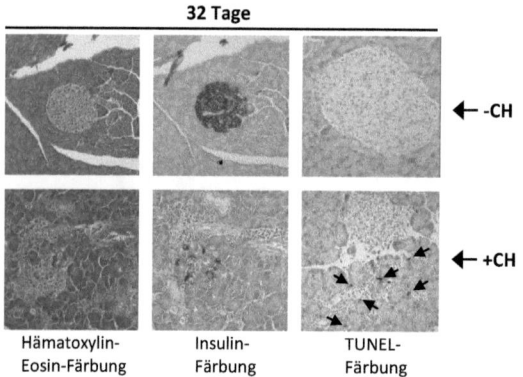

Abb. 9: Progressive Zerstörung der Langerhans-Inseln nach 32 Tagen Kohlenhydratfütterung. Gezeigt sind exemplarische Aufnahmen von NZO-Inseln nach 32-tägiger Kohlenhydratfütterung, die mit einer Hämatoxylin-Eosin-Übersichtsfärbung, sowie gegen Insulin und fragmentierte DNA (TUNEL) (Pfeile) gefärbt wurden. (-CH: *no carbohydrate, fat enriched di*et; +CH: *fat enriched diet with carbohydrates*)

3.1.2.2 Nachweis von Glucolipotoxizität-induzierter Apoptose in dem β-Zellmodell MIN6

Neben verschiedenen β-Zelllinien wie der INS-1, RINm5F oder βTC-3- Linie besitzt die MIN6-Zelle eine der größten Übereinstimmungen zur inselspezifischen β-Zelle. Eigenschaften wie eine Glucose-stimulierte Insulinsekretion, der Glucosestoffwechsel sowie einheitliche Insulinsignalwege erlauben die Verwendung dieser Zelllinie als Modellsystem zur Untersuchung des T2D (Ishihara et al., 1993).
Um die Auswirkungen eines progressiven Diabetes auf die Lebensfähigkeit von MIN6-Zellen zu untersuchen, wurden Kulturbedingungen geschaffen, die die Situation im Plasma der NZO-Maus reflektieren. Die Zellen wurden dazu unter steigenden Glucosekonzentrationen (5, 25, 50 mM) in An-

ERGEBNISSE

und Abwesenheit der Fettsäure Palmitat (0,3 mM) für zwei Tage kultiviert und anschließend die Aktivität der Caspase-3 mittels Western Blot bestimmt. Die Zellen, die in Abwesenheit der Fettsäure Palmitat behandelt wurden, zeigten bei keiner der verwendeten Glucosekonzentrationen eine Caspase-3- Aktivität. Wurde den Zellen jedoch zusätzlich Palmitat verabreicht, so stieg die Caspase-3- Aktivität und damit die Apoptoserate in Abhängigkeit der Glucosekonzentration. Bei 50 mM Glucose plus 0,3 mM Palmitat im Medium wurde das stärkste Caspase-3-Signal nachgewiesen (Abb. 10). Diese Ergebnisse verdeutlichen einen Zusammenhang zwischen glucolipotoxischen Bedingungen und dem β-Zelluntergang *in vitro* sowie in der NZO-Maus bei Entwicklung einer Hyperglykämie.

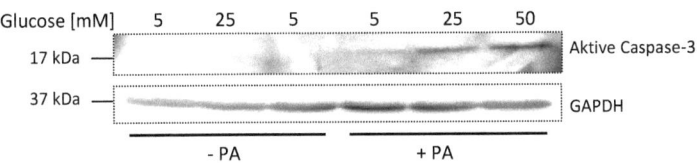

Abb. 10: Aktivität der Caspase-3 in MIN6-Zellen unter verschiedenen Kulturbedingungen. Die zunächst in 6- well- Platten bei 5 mM Glucose kultivierten MIN6-Zellen wurden nach zwei Tagen bei 5, 25 und 50 mM Glucose in An- und Abwesenheit von 0,3 mM Palmitat (PA) für weitere zwei Tage behandelt. Gezeigt ist die Western Blot Analyse von aktivierter Caspase-3 auf Lysaten der behandelten MIN6-Zellen. Als endogene Kontrolle wurde GAPDH detektiert.

3.2 Schutz der B6.V-*Lep*$^{ob/ob}$-Maus vor einem kohlenhydratinduziertem β-Zelluntergang

Ähnlich zur NZO-Maus wurde bereits zu einem früheren Zeitpunkt in unserer Abteilung eine Zeitverlaufsstudie mit jüngeren ob/ob-Mäusen durchgeführt, in der die Tiere einem diätetischen Regime von mehrwöchiger Kohlenhydratrestriktion und anschließender 32-tägiger Kohlenhydratgabe unterworfen wurden. Mit dem Ziel, physiologische Parameter bei diesem diätetischen Regime zu studieren, wurde gezeigt, dass ob/ob-Mäuse in der 11. Lebenswoche bei Kohlenhydratrestriktion bereits stark hyperinsulinämisch waren (6,38 ± 0,96 nM). Nach einer 32-tägigen Kohlenhydrat-intervention stieg der Insulinspiegel im Plasma stetig auf einen Wert von 11,02 ± 2,87 nM an. Der Blutzucker dieser Tiere blieb bei Kohlenhydratgabe nahezu unverändert (Tag null: 10,7 ± 0,9 mM; Tag 32: 9,6 ± 1,2 mM), was den Schutz dieses Mausmodells vor einem Diabetes unterstreicht (Dissertation Farshad Mirhashemi).

Um zu untersuchen, ob die in dieser Arbeit gezeigten Mechanismen des β-Zelluntergangs der NZO-Maus in der ob/ob-Maus fehlen oder nur teilweise vorhanden sind, wurden vergleichende Experimente mit gleichaltrigen ob/ob-Mäusen durchgeführt. Auf diese Weise sollte unter anderem geklärt werden, warum die ob/ob-Maus im Vergleich zur NZO-Maus vor einem T2D mit β-

ERGEBNISSE

Zelluntergang geschützt ist. Um die Auswirkungen von Kohlenhydraten auf die β-Zellfunktion von ob/ob-Mäusen zu studieren, wurde ein identisches Fütterungsregime wie bei den NZO-Mäusen durchgeführt. Zunächst erhielten die Tiere eine kohlenhydratfreie Ernährung (-CH) bis zur Lebenswoche 18 ± 2, worauf ein Teil der Tiere für maximal 32 weitere Tage auf Kohlenhydratdiät (+CH) umgestellt wurde. Der andere Teil der Tiere verblieb weiterhin auf der –CH-Diät und diente als Kontrollgruppe.

3.2.1 Plasmaparameter von NZO und ob/ob-Maus im Vergleich

In der 18. Lebenswoche, vor Beginn der diätetischen Intervention zwischen NZO und ob/ob-Maus wurden diverse Plasmaparameter (Triglyceride, freie Fettsäuren, freies Glycerol, Insulin) von ungefasteten Tieren erneut bestimmt, um zu zeigen dass die Tiere zu diesem Zeitpunkt einer hohen Lipid- sowie Fettsäurebelastung (Lipidtoxizität) ausgesetzt waren. Die Körpergewichte der Tiere in der 18. Lebenswoche betrugen bei NZO 80 ± 2,5 g und bei ob/ob 59 ± 1,3 g. Zum Vergleich wurden oben genannte Parameter zusätzlich in C57BL/6- (B6) Mäusen gemessen, die etwa 25 Wochen mit einer fettreichen, hochkalorischen Diät gefüttert wurden, und auf diese Weise eine diätinduzierte Adipositas (DIO, *diet induced obesity*) (Körpergewicht: 46,9 ± 0,3 g) entwickelten. Der Vergleich der Plasmainsulinspiegel zwischen NZO und ob/ob-Maus bestätigt, dass ob/ob-Tiere in der 18. Lebenswoche ebenfalls hyperinsulinämisch waren. Diese Tiere wiesen trotz vergleichbarer Blutzuckerspiegel zu den NZO-Mäusen, nahezu drei Mal so hohe Insulinkonzentrationen auf (ob/ob: 0,71 ± 0,13 nM; NZO: 0,25 ± 0,05 nM), was darauf hin deutet, dass ob/ob-Tiere in der Lage sind, durch hohe Insulinspiegel normoglykämisch zu bleiben. Aufgrund der Adipositas besaßen die B6-DIO-Tiere vergleichbare Plasmainsulinkonzentrationen wie die NZO-Mäuse (**Abb. 11A**). Der Anteil der Triglyceride sowie dessen Spaltprodukte Glycerol und freie Fettsäuren war zwischen NZO und ob/ob-Mäusen nahezu vergleichbar. Die weniger adipösen B6-DIO- Tiere zeigten im Vergleich dazu signifikant niedrigere Werte (**Abb. 11B-D**). Diese Daten verdeutlichen, dass ob/ob- sowie NZO-Mäuse gleichermaßen an einer Hyperlipidämie litten und dadurch die Voraussetzung zu einer Lipidtoxizität gegeben war.

ERGEBNISSE

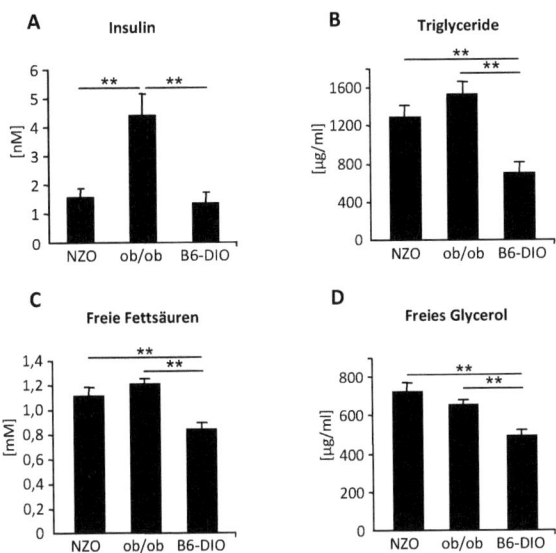

Abb. 11: **Vergleich von Plasmaparametern in NZO, ob/ob und B6-DIO- Mäusen.** Gezeigt sind die Mittelwerte ± SEM der Plasmakonzentrationen von Insulin (A), Triglyceriden (B), freien Fettsäuren (C) und freiem Glycerol von je 8 ungefasteten NZO, ob/ob und B6-DIO-Mäusen. Die NZO und ob/ob-Tiere waren zum Zeitpunkt der Messung 18 Wochen alt und kohlenhydratrestriktiv ernährt. Die B6-DIO-Tiere waren 28 ± 2 Wochen alt und wurden zuvor mit einer fett- und energiereichen Diät (D12492, 35 % Fett (w/w), Research diets Inc., New Brunswik, USA) gefüttert. Signifikante Unterschiede wurden mit einem parameterfreien U-Test ermittelt (** $p \leq 0{,}01$).

Nachdem die ob/ob-Tiere dann in der 18. Lebenswoche mit Kohlenhydraten gefüttert wurden, entwickelten diese, im Vergleich zu dem Experiment mit 11 Wochen alten Mäusen, eine leichte und transiente Hyperglykämie während der Tage zwei und vier. Zu späteren Zeitpunkten normalisierte sich der Blutzucker wieder. Im Vergleich dazu entwickelte sich bei den NZO-Mäusen eine rasche Hyperglykämie, die sich im späteren Zeitverlauf weiter verschlimmerte (Abb. 12).

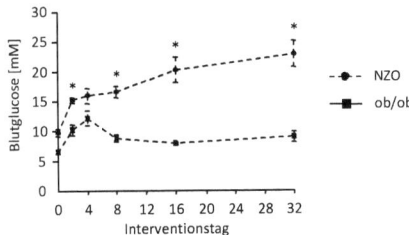

Abb. 12: **Blutzuckerverläufe von NZO- und ob/ob-Mäusen im Vergleich.** Gezeigt sind die Mittelwerte ± SEM der Blutglucosekonzentrationen in NZO- und ob/ob-Mäusen bei 32-tägiger Kohlenhydratintervention. Zu Beginn der diätetischen Intervention waren die Tiere 18 ± 1 Wochen alt. Signifikante Unterschiede wurden mit einem parameterfreien U-Test ermittelt (* $p \leq 0{,}05$).

ERGEBNISSE

3.3 Molekulare Veränderungen in β-Zellen nach Kohlenhydratgabe

3.3.1 Einfluss von Kohlenhydraten auf die Integrität der β-Zellen der NZO-Maus

Die Funktion und das Überleben der β-Zelle werden maßgeblich durch den aktiven Insulin/IGF-1-Rezeptor-Signalweg via IRS-2 (*insulin receptor substrate 2*), PI3K (*phosphatidylinositol 3-kinase*), PDK (*3-phosphoinositide-dependent protein kinase*) und PKB/AKT (*protein kinase B*) vermittelt. Eine Störung dieses Signalwegs z.B. durch hohe Fettsäurespiegel führt zur Beeinträchtigung der β-Zellfunktion sowie zur Apoptose (Dickson und Rhodes, 2004). Eine zentrale Rolle für das Überleben der β-Zelle spielt dabei die Phosphorylierung der PKB/AKT.

Um eine mögliche Störung dieses Signalwegs in β-Zellen von kohlenhydratgefütterten NZO-Mäusen nachzuweisen, wurden immunhistochemische Färbungen der phosphorylierten Proteinkinase B (phospho-AKT) im Zeitverlauf vorgenommen. Die Auswertung der p-AKT-Färbung ergab bei allen kohlenhydratrestriktiv ernährten Tieren ein starkes Signal in allen Inseln über den gesamten Fütterungszeitraum von 16 Tagen. Im Vergleich dazu war bei der diabetischen Gruppe (+CH) eine rasche Verminderung des p-AKT-Signals am Tag zwei zu beobachten. Im weiteren Verlauf der Kohlenhydratintervention blieb die Menge von p-AKT auf einem konstant niedrigen Niveau (Abb. 13). Basierend auf den gewonnenen Erkenntnissen, deutet der frühe Verlust der AKT-Phosphorylierung auf einen Zusammenhang mit dem β-Zelluntergang zu späteren Zeitpunkten hin.

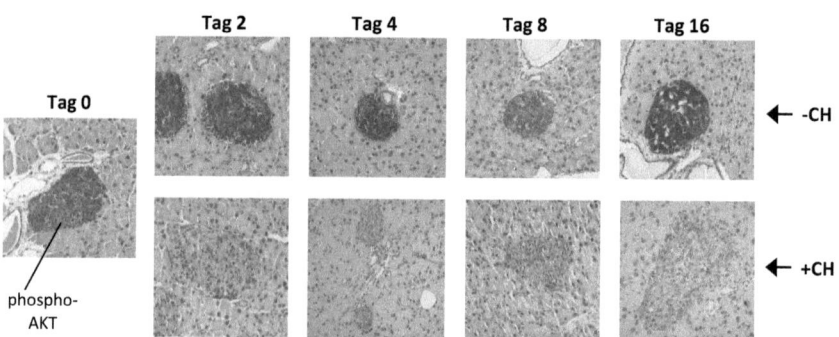

Abb. 13: Immunhistochemische Färbung von p-AKT auf NZO-Pankreasschnitten im Zeitverlauf. Dargestellt sind repräsentative Aufnahmen einer Färbung von p-AKT auf Pankreasschnitten von mit und ohne Kohlenhydraten gefütterten NZO-Mäusen im Verlauf von 16 Tagen. (Kernfärbung: Hämatoxylin) (-CH: *no carbohydrate, fat enriched diet*; +CH: *fat enriched diet with carbohydrates*)

Als Target der AKT-Kinase spielt der Transkriptionsfaktor FoxO1 eine entscheidende Rolle für die Funktion der β-Zelle. Unter Normalbedingungen, d.h. bei aktiver AKT-Kinase, ist FoxO1 in β-Zellen in einer phosphorylierten, inaktiven Form im Cytosol der Zellen lokalisiert. Bei Dephosphorylierung

ERGEBNISSE

transloziert dieser jedoch in den Nukleus und kann dort Zielgene aktivieren bzw. reprimieren, was häufig mit einem Verlust der β-Zellfunktion beschrieben ist (Kitamura et al., 2002; Martinez et al., 2008).

Um einen möglichen Zusammenhang zwischen der Störung des Insulin/IGF-1-Rezeptor-Signalwegs durch Dephosphorylierung des AKT und dem β-Zelluntergang herzustellen, wurde eine Immunfärbung von phospho-FoxO1 (p-FoxO1) auf NZO-Pankreasschnitten im Zeitverlauf durchgeführt. Diese Färbung zeigte, dass bei fortgeführter Kohlenhydratrestriktion keine Veränderungen in der Menge des p-FoxO1 in den Langerhans-Inseln der NZO-Mäuse auftraten. Im Gegensatz dazu löste die Umstellung der Tiere auf eine diabetogene Diät (+CH) einen sofortigen Abfall (Tag zwei) der p-FoxO1-Menge in den Inseln aus. Im weiteren Verlauf der Kohlenhydratfütterung konnte kein p-FoxO1 in den Inseln mehr nachgewiesen werden. Der Verlust des p-FoxO1 Signals deutet auf rasche Dephosphorylierung sowie nukleäre Translokation des Transkriptionsfaktors hin (Abb. 14).

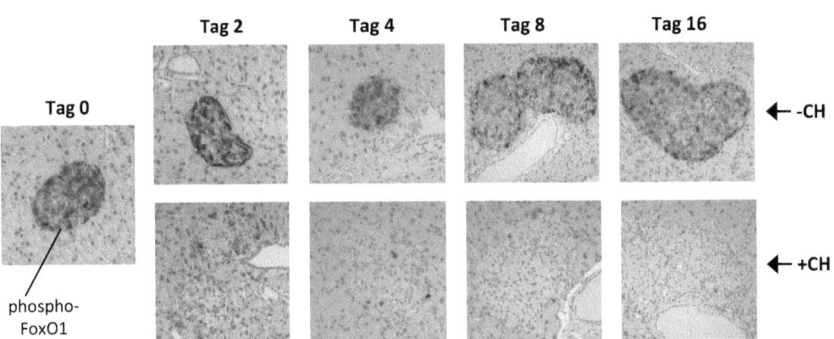

Abb. 14: Immunhistochemische Färbung von p-FoxO1 auf NZO-Pankreasschnitten im Zeitverlauf. Dargestellt sind exemplarische Aufnahmen einer Färbung von p-FoxO1 auf Pankreasschnitten von -CH bzw. +CH gefütterten NZO-Mäusen im Verlauf von 16 Tagen. (Kernfärbung: Hämatoxylin) (-CH: *no carbohydrate, fat enriched di*et; +CH: *fat enriched diet with carbohydrates*)

Beschrieben ist, dass der insulingenspezifische Transkriptionsfaktor PDX1 unter anderem durch aktives FoxO1 im Zellkern reprimiert wird, was zu einem Verlust der Insulinexpression bzw. der β-Zellfunktion führt (Kitamura et al., 2002).

Um einen möglichen Einfluss der FoxO1-Dephosphorylierung auf die PDX1-Expression im Zellkern zu untersuchen, wurde außerdem eine Immunfärbung des Transkriptionsfaktors PDX1 auf Pankreasschnitten von NZO-Mäusen durchgeführt. PDX1 konnte ausschließlich in den Kernen der β-Zellen der Langerhans-Inseln detektiert werden. Im Zeitverlauf der Kohlenhydratfütterung wurde, wie erwartet, eine verminderte PDX1-Expression erst zum Tag 16 festgestellt. Bis zum Tag acht war PDX1 in dieser Gruppe unverändert in den Zellkernen nachweisbar. Bei dauerhafter

ERGEBNISSE

Kohlenhydratrestriktion waren keine Veränderungen in der PDX1-Expression zu beobachten (Abb. 15A). Um den Einfluss der diabetogenen Diät auf die PDX1-Expression statistisch abzusichern, wurde zusätzlich eine Zählung PDX1-positiver Kerne von mehreren Tieren je Zeit- und Fütterungsgruppe durchgeführt. Hier zeigte sich, dass etwa 60 % der Inselzellen bei Kohlenhydratrestriktion PDX1-positiv waren. Erst am Tag 16 der Kohlenhydratgabe verringerte sich der Anteil PDX1-positiver Zellen signifikant von 60 % auf etwa 30 % (Abb. 15B).

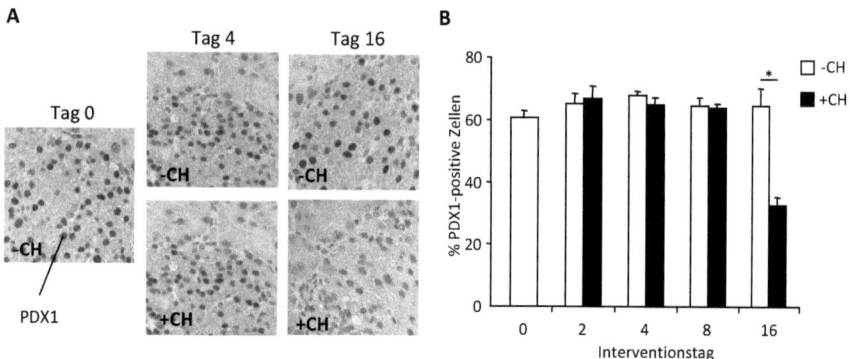

Abb. 15: Immunhistochemische Färbung von PDX1 auf NZO-Pankreasschnitten im Zeitverlauf. Dargestellt sind vergleichende Aufnahmen einer Färbung von PDX1 am Tag null (-CH) und am Tag vier sowie 16 (-CH vs. +CH) auf Pankreasschnitten von NZO-Mäusen (A). Die Färbungen von 3 – 6 Tieren je Gruppe wurden morphometrisch ausgewertet und der prozentuale Anteil PDX1-positiver Kerne je Gesamtkernzahl je Insel grafisch dargestellt (B). Signifikante Unterschiede wurden mit einem parameterfreien U-Test ermittelt (* $p \leq 0{,}05$). (Kernfärbung: Hämatoxylin) (-CH: *no carbohydrate, fat enriched di*et; +CH: *fat enriched diet with carbohydrates*)

Ein weiterer für die β-Zelle wichtiger Transkriptionsfaktor ist Nkx6.1. Dieser spielt insbesondere eine Rolle bei der Aufrechterhaltung der β-Zellmasse sowie Glucose-stimulierten Insulinsekretion. Die Transkription sowie Translation von Nkx6.1 wird neben Nkx2.2 von PDX1 reguliert, wobei ein Verlust von PDX1 mit einer verminderten Expression von Nkx6.1 in Verbindung steht.

Um einen Zusammenhang mit dem kohlenhydratinduzierten β-Zelluntergang in der NZO-Maus und dem Verlust wichtiger β-zellspezifischer Transkriptionsfaktoren herzustellen, wurde neben PDX1 eine Immunfärbung von Nkx6.1 durchgeführt. Ähnlich zum PDX1 ist Nkx6.1 ausschließlich in den Kernen der β-Zellen der Inseln detektierbar. Nach Diätumstellung war auch hier eine signifikante Verminderung der Nkx6.1-Expression zum Tag 16 von 59 % auf 21 % bei den kohlenhydratgefütterten Tieren zu beobachten. Im Gegensatz dazu blieb die Nkx6.1-Expression bei fortgeführter Kohlenhydratresktrion (-CH) unverändert (Abb. 16A+B).

ERGEBNISSE

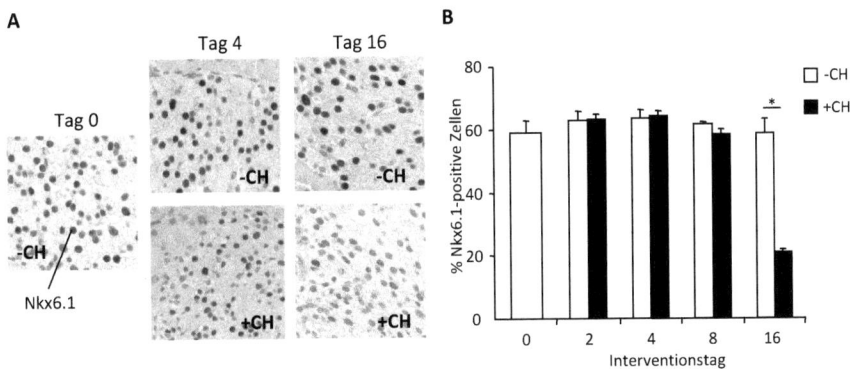

Abb. 16: Immunhistochemische Färbung von Nkx6.1 auf NZO-Pankreasschnitten im Zeitverlauf. Dargestellt sind vergleichende Aufnahmen einer Färbung gegen Nkx6.1 am Tag 0 (-CH) und am Tag vier sowie 16 (-CH vs. +CH) auf Pankreasschnitten von NZO-Mäusen (A). Die Morphometrische Auswertung wurde von 3 – 6 Tieren je Gruppe durchgeführt. Gezeigt ist der prozentuale Anteil Nkx6.1-positiver Kerne zur Gesamtkernzahl je Insel. Signifikante Unterschiede wurden mit einem parameterfreien U-Test ermittelt (* p ≤ 0,05) (B). Als Kernfärbung wurde Hämatoxylin eingesetzt. (-CH: *no carbohydrate, fat enriched di*et; +CH: *fat enriched diet with carbohydrates*)

3.3.2 Einfluss der Kohlenhydratfütterung auf Komponenten des Insulin/IGF-1-Rezeptor-Signalweges in β-Zellen der ob/ob-Maus

Trotz einer transienten Hyperglykämie der ob/ob-Tiere, ergab eine Färbung gegen fragmentierte DNA (TUNEL) als Marker für apoptotische Zellen, dass zu keinem Zeitpunkt ein β-Zelluntergang vorlag (Daten nicht gezeigt).

Aufgrund der Tatsache, dass ob/ob- im Vergleich zu NZO-Mäusen trotz vergleichbarer Lipidprofile im Plasma, vor einem kohlenhydratinduzierten β-Zelluntergang geschützt waren, wurde zunächst untersucht, ob in dem Fall keine Beeinträchtigung des Insulin/IGF-1-Rezeptor-Signalwegs vorliegt. Dazu wurde auf Pankreasschnitten von ob/ob-Tieren, welche mit und ohne Kohlenhydrate gefüttert wurden, p-AKT gefärbt. Die Färbung ergab, dass es während der gesamten diätetischen Intervention zu keiner Verminderung der AKT-Phosphorylierung kam. Unabhängig von der Fütterung und dem Zeitpunkt war ein starkes Signal für p-AKT in allen Inseln detektierbar (**Abb. 17**).

ERGEBNISSE

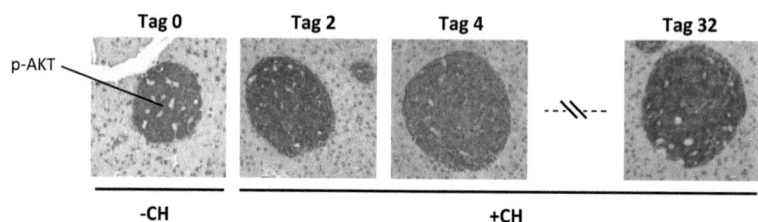

Abb. 17: Immunhistochemische Färbung von p-AKT auf ob/ob-Pankreasschnitten im Zeitverlauf. Dargestellt sind repräsentative Aufnahmen einer Färbung von p-AKT auf Pankreasschnitten von mit und ohne Kohlenhydraten gefütterten ob/ob-Mäusen zu den dargestellten Tagen (Kernfärbung: Hämatoxylin). Zu Beginn der Kohlenhydratfütterung waren die Tiere 18 ± 1 Wochen alt. (-CH: *no carbohydrate, fat enriched die*t; +CH: *fat enriched diet with carbohydrates*)

Aufgrund der gleichzeitigen AKT- und FoxO1-Dephosphorylierung in NZO-Inseln *in vivo*, lag die Vermutung nahe, dass aufgrund einer unbeeinflussten AKT-Phosphorylierung in ob/ob-Inseln p-FoxO1 ebenfalls unverändert bleibt. Eine Färbung von p-FoxO1 ergab jedoch das Gegenteil. Analog zu den NZO-Mäusen führte die Umstellung der ob/ob-Tiere auf Kohlenhydrate innerhalb von zwei Tagen zu einer nahezu vollständigen Dephosphorylierung des FoxO1. Diese Dephosphorylierung trat unabhängig davon auf, ob die Tiere eine transiente Hyperglykämie entwickelten oder nicht. Im weiteren Zeitverlauf blieb FoxO1 weiterhin dephosphoryliert. Im Gegenteil dazu veränderte sich p-FoxO1 bei fortgeführter Kohlenhydratrestriktion nicht (**Abb. 18**).

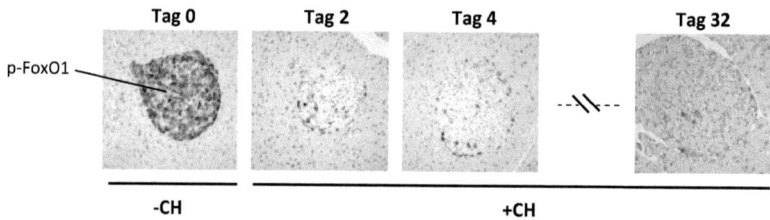

Abb. 18: Immunhistochemische Färbung von p-FoxO1 auf ob/ob-Pankreasschnitten im Zeitverlauf. Dargestellt sind repräsentative Aufnahmen einer Färbung von p-FoxO1 auf Pankreasschnitten bei –CH bzw. +CH gefütterten ob/ob-Mäusen zu den dargestellten Zeitpunkten (Kernfärbung: Hämatoxylin). Zu Beginn der +CH-Fütterung waren die Tiere 18 ± 1 Wochen alt. (-CH: *no carbohydrate, fat enriched die*t; +CH: *fat enriched diet with carbohydrates*)

Da es bei Kohlenhydratgabe zu einer raschen Dephosphorylierung von FoxO1 in NZO sowie ob/ob-Mäusen kommt, jedoch AKT nur in der NZO-Maus dephosphoryliert wird, scheint dieser Prozess über einen bisher unbekannten Mechanismus reguliert zu sein. Aufgrund der Tatsache, dass FoxO1 auch in ob/ob-Mäusen bei Kohlenhydratgabe dephosphoryliert wird, wurde geprüft, ob auch hier eine Repression des Transkriptionsfaktors PDX1 vorliegt. Die immunhistochemische Analyse von ob/ob-Pankreasschnitten ergab allerdings, dass kein Einfluss auf die Expression von PDX1 bis zum Tag 32 bei

ERGEBNISSE

Kohlenhydratfütterung vorlag. Wie bei Kohlenhydratrestriktion zeigten alle β-Zellkerne ein deutliches Signal für PDX1 über den gesamten Fütterungszeitraum (**Abb. 19**).

Zusammengefasst deuten die oben genannten Daten darauf hin, dass die Funktion der β-Zellen in ob/ob-Mäusen durch Umstellung auf Kohlenhydrate nicht beeinträchtigt ist und dass die Dephosphorylierung von FoxO1 hier in keinem Zusammenhang mit einem β-Zelluntergang steht.

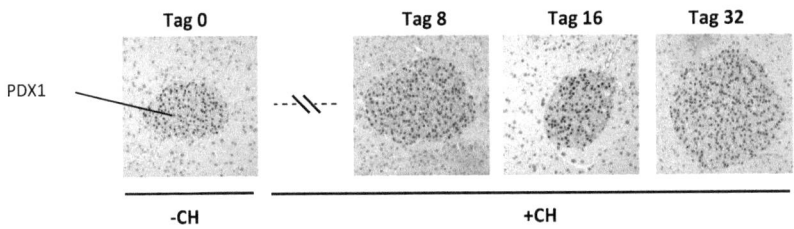

Abb. 19: Immunhistochemische Färbung von PDX1 auf ob/ob-Pankreasschnitten im Zeitverlauf. Dargestellt sind exemplarische Aufnahmen einer Färbung von PDX1 auf Pankreasschnitten von –CH bzw. +CH gefütterten ob/ob-Mäusen zu den Tagen null, acht, 16 und 32 (Kernfärbung: Hämatoxylin). Zu Beginn der Kohlenhydratfütterung waren die Tiere 18 ± 1 Wochen alt. (-CH: *no carbohydrate, fat enriched di*et; +CH: *fat enriched diet with carbohydrates*)

3.3.3 Auswirkungen glucolipotoxischer Bedingungen auf isolierte NZO-Inseln

Um einen kausalen Zusammenhang zwischen der Hyperglykämie (Glucotoxizität) und dem β-Zelluntergang in der NZO-Maus herzustellen, wurden Inseln von kohlenhydratfrei gefütterten NZO-Mäusen isoliert und nach einer Regenerationsphase von 1 – 2 Tagen unter steigenden Glucosekonzentrationen in An- und Abwesenheit der Fettsäure Palmitat (Lipotoxizität) behandelt. Diese Behandlungen sollten die im Plasma der Tiere vorherrschenden Bedingungen widerspiegeln. Da isolierte Inseln im Vergleich zu den im exokrinen Pankreas eingebetteten nicht mehr vaskularisiert sind, wurde die Glucosekonzentration im Medium höher angesetzt und bis zu einem Maximalwert von 38,7 mM eingestellt. Nach einer Behandlungsdauer von zwei Tagen wurden Lysate der Inseln hinsichtlich der Menge von p-AKT, p-FoxO1 sowie PDX1 und Nkx6.1 mittels Western Blot untersucht. Die Behandlung der NZO-Inseln mit steigenden Glucosekonzentrationen ohne Palmitat resultierte in einer schrittweise gesteigerten AKT-Phosphorylierung. Die Menge des p-FoxO1 unter diesen Bedingungen war bei allen Glucosekonzentrationen nahezu unverändert. Bei gleichzeitiger Inkubation der Inseln mit 0,3 mM Palmitat war zunächst ebenfalls eine gesteigerte AKT-Phosphorylierung bis zu einer Glucosekonzentration von 33,2 mM beobachtbar. Bei 38,7 mM Glucose wurde die AKT-Phosphorylierung jedoch deutlich vermindert (p = 0,06). Ebenso konnte eine signifikante Abnahme des p-FoxO1 in den Inseln bei 38,7 mM Glucose in Anwesenheit des Palmitats ermittelt werden (Abb. 20A+B). Die Ergebnisse dieses Experiments zeigen, dass ähnlich wie im Tier

ERGEBNISSE

ein negativer Einfluss auf die β-Zelle durch glucolipotoxische Bedingungen ausgelöst wird. Weder Palmitat noch Glucose allein mögen die β-Zelle schädigen, während die Kombination aus beidem ähnliche Effekte wie in der diabetischen NZO-Maus auslösten.

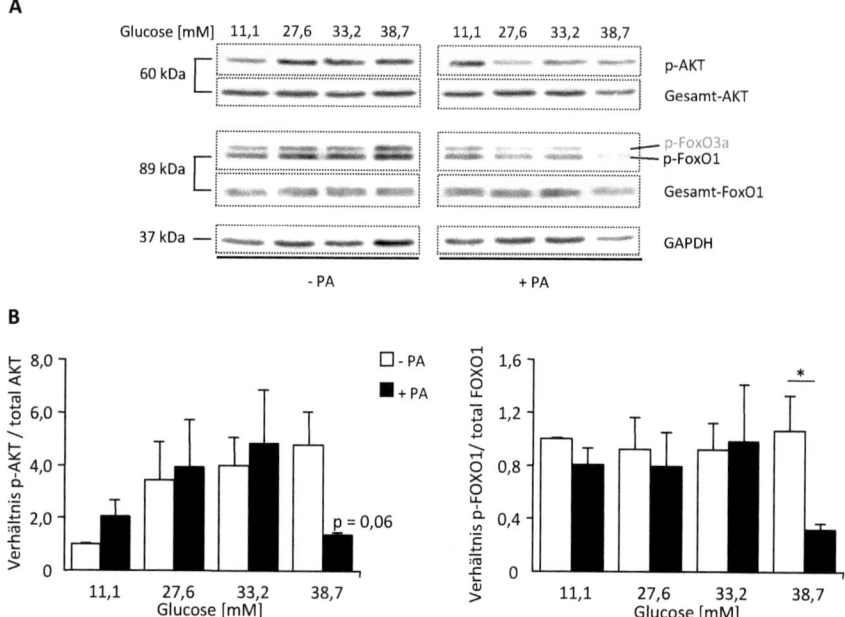

Abb. 20: Nachweis von p-FoxO1 und p-AKT in NZO-Inseln unter glucolipotoxischen Bedingungen. Dargestellt sind Western-Blot-Analysen von p-AKT und von p-FoxO1 in NZO-Inseln, die über zwei Tage bei Glucosekonzentrationen von 11,1 bis 38,7 mM sowie in Ab- und Anwesenheit von 0,3 mM Palmitat (PA) inkubiert wurden (A). Vergleichend sind jeweils die Banden von Gesamt-AKT und Gesamt-FoxO1 sowie der Ladekontrolle GAPDH gezeigt. Von drei unabhängigen Versuchen wurde die Bandenintensität von p-AKT und p-FoxO1 bestimmt, ins Verhältnis zur Bandenintensität von Gesamt-AKT bzw. Gesamt-FoxO1 gesetzt und gemittelt. Gezeigt sind jeweils die Mittelwerte ± SEM für p-AKT und p-FoxO1 (B). Signifikante Unterschiede wurden mit einem parameterfreien U-Test ermittelt (* $p \leq 0{,}05$).

Vergleichend zu den *in-vivo*-Daten der PDX1- und Nkx6.1-Expression wurde der Einfluss glucolipotoxischer Bedingungen auf das Vorhandensein dieser beiden Transkriptionsfaktoren in den behandelten NZO-Inseln (*ex vivo*) untersucht. Ähnlich wie im Tier führte die Exposition der Inseln bei hohen Glucosekonzentrationen in Anwesenheit der Fettsäure zu einer deutlichen Verminderung in der Expression von PDX1 und Nkx6.1. Steigende Glucosekonzentrationen ohne Palmitat hatten sogar eine Erhöhung der PDX1-Expression zur Folge (Abb. 21). Zusammengenommen ergaben die *ex-vivo*-Ergebnisse zu p-AKT, p-FoxO, PDX1 und Nkx6.1, dass isolierte Inseln der NZO-Maus unter glucolipotoxischen Bedingungen ähnliche Effekte zeigen, wie sie durch Fütterung einer diabetogenen Diät in adipösen NZO-Mäusen ausgelöst werden. Im Unterschied zum Tier konnte die Inkubation der Inseln bei hoher Glucosekonzentration in Anwesenheit von Palmitat bereits nach zwei Tagen eine Verminderung der Transkriptionsfaktoren PDX1 und Nkx6.1 auslösen, während dies im Tier erst nach 16 Tagen Kohlenhydratfütterung zu beobachten war.

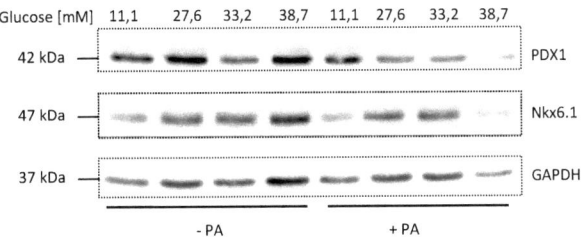

Abb. 21: Expression von PDX1 und Nkx6.1 in isolierten Langerhans-Inseln der NZO-Maus unter glucolipotoxischen Bedingungen. Gezeigt sind repräsentative Western-Blot-Aufnahmen von PDX1 und Nkx6.1 bei vier Glucosekonzentrationen von 11,1 – 38,7 mM in Ab- und Anwesenheit von 0,3 mM Palmitat (PA). Als Ladekontrolle wurde GAPDH detektiert.

3.3.4 Integrität von ob/ob-Inseln unter glucolipotoxischen Kulturbedingungen

Übereinstimmend zur Situation in der lebenden NZO-Maus nach Kohlenhydratexposition reagierten isolierte NZO-Inseln unter glucolipotoxischen Kulturbedingungen mit einem Verlust von p-AKT, p-FoxO1 und PDX1. Ob/ob-Mäuse hingegen bewahrten trotz Dephosphorylierung von FoxO1 ihre Inselintegrität indem sie p-AKT sowie die Expression von PDX1 aufrechterhielten.

Um zu überprüfen, ob isolierte ob/ob-Inseln unter glucolipotoxischen Bedingungen möglicherweise ähnlich wie *in vivo* reagieren, wurden diese ebenfalls für zwei Tage bei steigenden Glucosekonzentrationen in An- und Abwesenheit der Fettsäure Palmitat behandelt und die Proteinlevel für p-AKT und p-FoxO1 via Western Blot bestimmt.

Im Vergleich zu behandelten NZO-Inseln reagierten die ob/ob-Inseln mit keiner Veränderung ihrer p-AKT sowie p-FoxO1 Level bei hohen Glucosekonzentrationen und Palmitat. Unabhängig von der Glucosekonzentration und der Anwendung von Palmitat im Medium war das Signal für p-AKT und p-FoxO1 nahezu gleich (**Abb. 22A**). Eine Quantifizierung der Bandenintensitäten von drei wiederholten Versuchen und die Berechnung des Verhältnisses der phosphorylierten Proteine zur Gesamtmenge der Proteine konnten keine signifikanten Unterschiede zwischen den Gruppen aufzeigen (**Abb. 22B**).

ERGEBNISSE

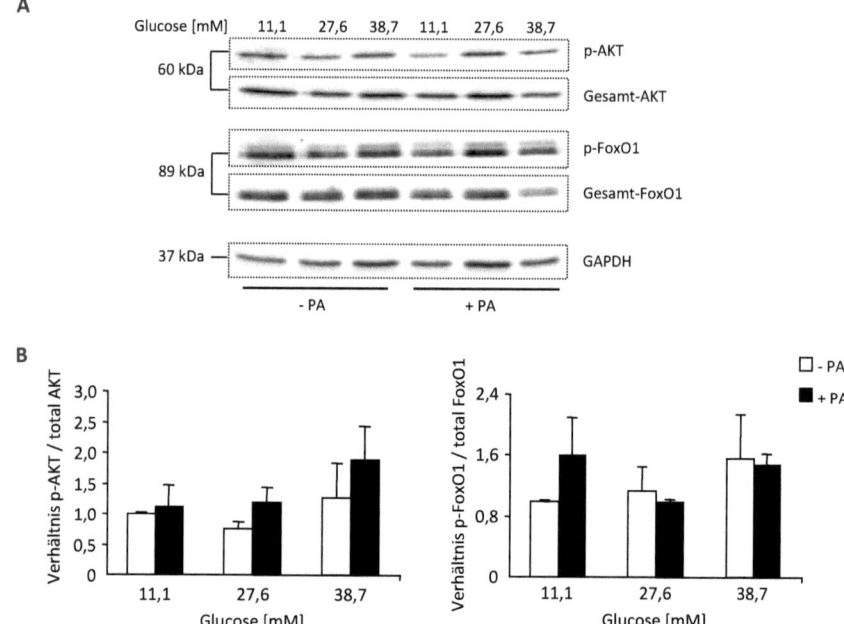

Abb. 22: Proteinmenge von p-FoxO1 und p-AKT in ob/ob-Inseln unter glucolipotoxischen Bedingungen. Gezeigt sind Western-Blot-Analysen zu p-AKT und p-FoxO1 von ob/ob-Inseln, die über zwei Tage bei Glucosekonzentrationen von 11,1 bis 38,7 mM sowie in Ab- und Anwesenheit von 0,3 mM Palmitat (PA) inkubiert wurden (A). Vergleichend sind jeweils die Banden von Gesamt-AKT und Gesamt-FoxO1 sowie der Ladekontrolle GAPDH gezeigt. Von drei unabhängigen Versuchen wurde die Bandenintensität von p-AKT und p-FoxO1 bestimmt, ins Verhältnis zur Bandenintensität von Gesamt-AKT bzw. Gesamt-FoxO1 gesetzt und gemittelt. Gezeigt sind jeweils die Mittelwerte ± SEM für p-AKT und p-FoxO1 von drei wiederholten Versuchen (B). Mit Hilfe eines parameterfreien U-Tests konnten keine signifikanten Unterschiede ermittelt werden.

Obwohl Kohlenhydratfütterung in ob/ob-Tieren eine Dephosphorylierung von FoxO1 in Inseln bewirkte, konnte dieser Effekt *ex vivo* nicht bestätigt werden. Da aber weder die Kohlenhydratfütterung noch glucolipotoxische Kulturbedingungen einen Abfall der p-AKT-Level in den Inseln von ob/ob-Mäusen bewirkten, deutet dies auf einen Schutz der Inseln vor Apoptose hin. Die Färbung des Transkriptionsfaktors PDX1 in kohlenhydratexponierten ob/ob-Mäusen zeigte außerdem, dass kein Funktionsverlust der β-Zellen vorlag. Um dies zu bekräftigen, wurden die Lysate der behandelten ob/ob-Inseln hinsichtlich der PDX1-Expression getestet. Ähnlich wie immunhistochemische Untersuchungen der Inseln gezeigt hatten, war auch hier keine Verminderung von PDX1 unter glucolipotoxischen Bedingungen beobachtbar. Weder hohe Glucosekonzentrationen noch die Anwesenheit von Palmitat führten zu einer Veränderung der PDX1-Menge in den isolierten Inseln (Abb. 23A). Eine mehrfache Wiederholung des Versuchs und die Quantifizierung der PDX1-Banden

ERGEBNISSE

konnten keine signifikanten Unterschiede in der PDX1-Expression in behandelten ob/ob-Inseln aufzeigen (**Abb. 23**B).

Zusammengenommen zeigten die *ex-vivo*-Versuche mit ob/ob-Inseln, dass diese offenbar resistent gegen eine Störung des Insulin/IGF-1-Rezeptor-Signalwegs sind und damit einen glucolipotoxizitätsinduzierten Funktionsverlust vorbeugen.

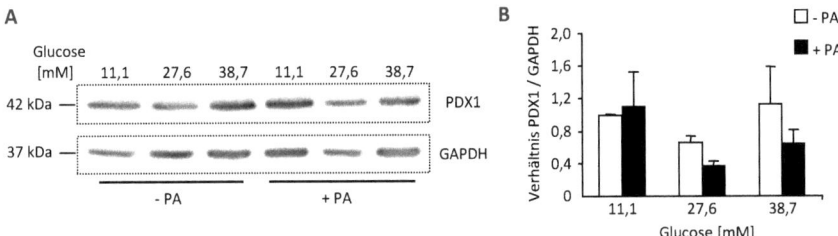

Abb. 23: Nachweis von PDX1 in ob/ob-Inseln unter glucolipotoxischen Bedingungen. Dargestellt ist eine exemplarische Western-Blot-Analyse von PDX1 in ob/ob-Inseln, die für zwei Tage bei Glucosekonzentrationen von 11,1 bis 38,7 mM sowie in Ab- und Anwesenheit der Fettsäure Palmitat (PA) (0,3 mM) inkubiert wurden (A). Als Ladekontrolle diente GAPDH. Die Mittelwerte ± SEM der Bandenintensitäten von PDX1 / GAPDH wurden von drei unabhängigen Versuchen gebildet und grafisch dargestellt (B). Signifikante Unterschiede konnten mit Hilfe eines parameterfreien U-Test nicht ermittelt werden.

3.3.5 Die MIN6-Zelle unter dem Einfluss glucolipotoxischer Bedingungen

3.3.5.1 Untersuchungen von Komponenten des Insulin/IGF-1-Rezeptor-Signalwegs

Wie unter 3.1.2.2 beschrieben, ist das Modell der MIN6-Zelle eine geeignete Alternative zur Untersuchung des durch Glucolipotoxizität ausgelösten β-Zelluntergangs. Um zu untersuchen, ob die im Tier sowie in den isolierten Inseln beobachteten Effekte in der MIN6-Zelle ebenfalls Gültigkeit haben, wurde ein ähnliches experimentelles Vorgehen wie mit den isolierten Inseln konzipiert. Diese Versuche sollten unter anderem auch zeigen, ob die Beeinträchtigung des Insulin/IGF-1-Rezeptor-Signalwegs durch glucolipotoxische Bedingungen ein generelles Prinzip des β-Zelluntergangs ist. Um Kulturbedingungen für die MIN6-Zellen zu schaffen, die zum einen das normale Wachstum sowie ihre Funktion aufrechterhalten bzw. zum anderen glucolipotoxische Effekte bewirken, wurde Bezug zu den Arbeiten von Miyazaki und Kollegen genommen, die diese Zelllinie im Jahre 1990 etablierten. Im Vergleich zu einer isolierten Insel zeigt die MIN6-Zelle ein normales Wachstum in einem großen Glucosetoleranzbereich von 5 – 25 mM. Jedoch weisen diese Zellen bei 25 mM Glucose eine um etwa 10-fach gesteigerte Insulinsekretion als bei 5 mM Glucose auf (Miyazaki et al., 1990).

ERGEBNISSE

Um nun einen möglichen toxischen Effekt von hohen Glucosekonzentrationen in An- und Abwesenheit von Palmitat zu untersuchen, wurden die Zellen zunächst bei 5 mM Glucose kultiviert und die Glucosekonzentration bis zu einem Maximalwert von 50 mM erhöht. Zunächst sollte ein Vergleich des Einflusses von steigenden Glucosekonzentrationen in Verbindung mit lipotoxischem Stress durch Palmitatsupplementation auf die Expression von p-AKT sowie p-FoxO1 geführt werden. Hierzu wurden die Zellen bei etwa 75 % Konfluenz in 6-*well*-Platten für zwei Tage mit Glucosekonzentrationen von 5 – 50 mM in Ab- und Anwesenheit von 0,3 mM Palmitat behandelt und die Expression von p-AKT und p-FoxO1 via Western Blot untersucht. Diese Untersuchungen ergaben nahezu übereinstimmende Ergebnisse wie die Versuche mit isolierten NZO-Inseln. So blieb die Menge des p-AKT bei steigenden Glucosekonzentrationen ohne Palmitat nahezu konstant. Im Gegensatz dazu zeigte AKT eine deutliche Dephosphorylierung bei einer Glucosekonzentration, die höher als 25 mM war, wenn Palmitat im Medium vorhanden ist. Phospho-FoxO1 blieb bei verschiedenen Glucosekonzentrationen in Abwesenheit der Fettsäure ebenfalls nahezu unverändert, während die Beigabe von Palmitat zu einer deutlichen Dephosphorylierung von FoxO1 ab einer Glucosekonzentration von 25 mM führte. Bei 50 mM Glucose und 0,3 mM Palmitat war nahezu kein p-FoxO1 mehr nachweisbar (Abb. 24A). Eine Quantifizierung der Bandenintensitäten von drei wiederholten Versuchen bestätigte, dass das Zusammenspiel hoher Glucosekonzentrationen (Glucotoxizität) und Fettsäuren im Medium (Lipotoxizität) notwendig ist, um eine signifikante Dephosphorylierung von AKT und FoxO1 zu bewirken. Im Vergleich zu p-AKT genügte bereits ein Medium mit 25 mM Glucose und 0,3 mM Palmitat um eine signifikante Verminderung von p-FoxO1 auszulösen (Abb. 24B).

ERGEBNISSE

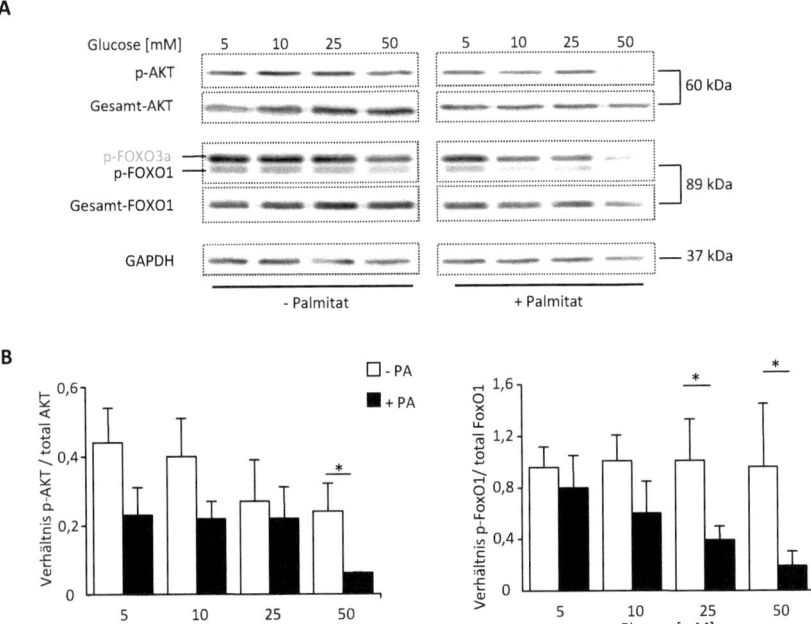

Abb. 24: Nachweis von p-FoxO1 und p-AKT in MIN6-Zellen unter glucolipotoxischen Bedingungen. Dargestellt sind Western-Blot-Analysen zu p-AKT und p-FoxO1 in Lysaten von MIN6-Zellen, die über zwei Tage bei Glucosekonzentrationen von 5 bis 50 mM sowie in Ab- und Anwesenheit von 0,3 mM Palmitat inkubiert wurden (A). Vergleichend sind jeweils die Banden von Gesamt-AKT und Gesamt-FoxO1 sowie der Ladekontrolle GAPDH gezeigt. Von drei unabhängigen Versuchen wurde die Bandenintensität von p-AKT und p-FoxO1 bestimmt, ins Verhältnis zur Bandenintensität von Gesamt-AKT bzw. Gesamt-FoxO1 gesetzt und gemittelt. Gezeigt sind jeweils die Mittelwerte ± SEM für p-AKT und p-FoxO1 (B). Signifikante Unterschiede wurden mit einem parameterfreien U-Test ermittelt (* $p \leq 0{,}05$).

Um einen direkten Nachweis der zytoplasmatisch-nukleären Translokation des FoxO1 bei Dephosphorylierung zu erbringen, wurde FoxO1 in MIN6-Zellen mittels Immuncytometrie gefärbt. Wie erwartet, war FoxO1 bei den untersuchten Glucosekonzentrationen von 5, 25, und 50 mM ausschließlich im Cytoplasma der Zellen verteilt. Bei Zugabe des Palmitats verteilte sich FoxO1 bei 5 mM Glucose zunächst noch im Cytoplasma der Zellen, während es bei 25 mM in Kernnähe lokalisiert war und bei 50 mM Glucose in den ersten Kernen detektiert werden konnte (Abb. 25). Diese Ergebnisse zeigen, dass die durch Glucolipotoxizität ausgelöste Dephosphorylierung von FoxO1 zur Translokation in den Kern der MIN6-Zellen führte bzw. deutet darauf hin, dass dieses Ereignis ebenfalls in isolierten NZO-Inseln sowie in NZO- und ob/ob-Tieren nach Kohlenhydratfütterung stattgefunden haben könnte.

ERGEBNISSE

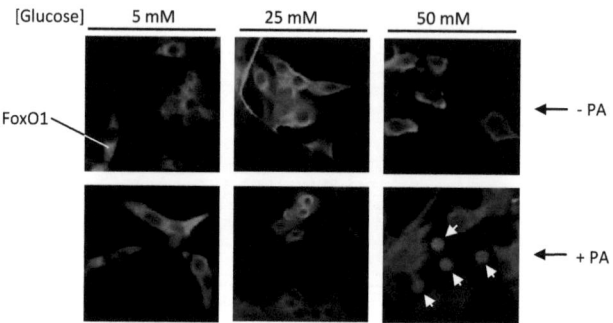

Abb. 25: Lokalisation von FoxO1 in MIN6-Zellen bei verschiedenen Glucosekonzentrationen in An- und Abwesenheit von Palmitat. Gezeigt sind repräsentative Aufnahmen von MIN6-Zellen, in denen immuncytochemisch FoxO1 gefärbt wurde. Die Zellen wurden mit drei Glucosekonzentrationen in An- und Abwesenheit der Fettsäure Palmitat (PA) (0,3 mM) für zwei Tage in einer 24-well-Platte auf Deckgläsern behandelt. (Pfeile: Lokalisation von FoxO1 im Nukleus)

Um zu testen, ob Palmitat allein in der Lage ist, eine Dephosphorylierung von AKT und FoxO1 auszulösen, wurden MIN6-Zellen mit steigenden Palmitatkonzentrationen (0 – 0,5 mM) bei einer niedrigen (5 mM) und einer hohen (50 mM) Glucosekonzentration für zwei Tage behandelt und erneut der Gehalt von p-AKT und p-FoxO1 in den Zelllysaten via Western Blot bestimmt.

Die Ergebnisse konnten zeigen, dass ausschließlich mit Palmitat und viel Glucose behandelte Zellen eine dosisabhängige Verminderung von p-AKT und p-FoxO1 aufwiesen. Bei der zuvor verwendeten Palmitatkonzentration von 0,3 mM sowie bei noch höheren Konzentrationen (0,5 mM) waren AKT und FoxO1 fast vollständig dephosphoryliert, wenn die Zellen zusätzlich mit der hohen Glucosekonzentration konfrontiert waren. Im Gegenteil dazu bewirkte Palmitat im Konzentrationsbereich von 0,1 bis 0,5 mM keine Verminderung von p-AKT und p-FoxO1, wenn die Zellen bei der niedrigen Glucosekonzentration von 5 mM exponiert waren (Abb. 26A). Die Auswertung der Bandenintensitäten von p-FoxO1 bei drei wiederholten Versuchen ergab einen signifikanten Unterschied zwischen 5 und 50 mM Glucose bei 0,3 und 0,5 mM Palmitat. Aufgrund großer Schwankungen in den Bandenintensitäten von p-AKT, war hier zwischen 5 und 50 mM Glucose nur bei 0,3 mM Palmitat ein signifikanter Unterschied messbar (Abb. 26B).

ERGEBNISSE

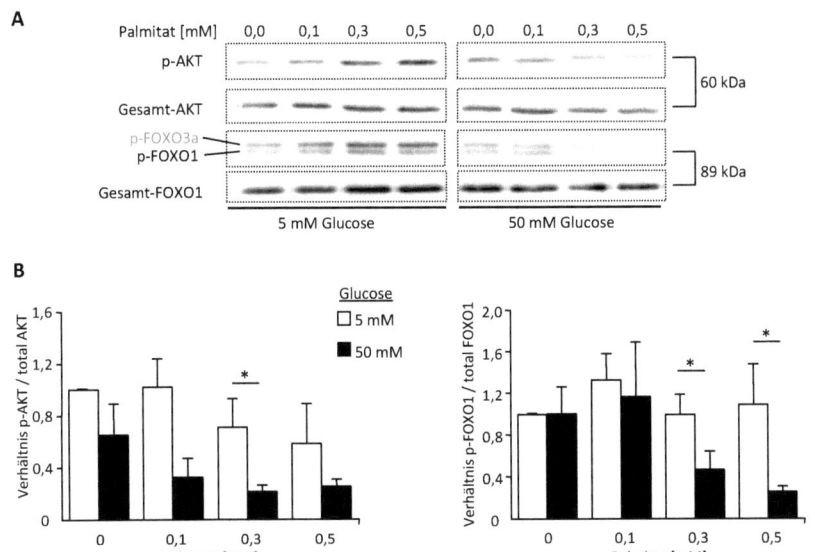

Abb. 26: Nachweis von p-AKT und p-FoxO1 in MIN6-Zellen unter dem Einfluss verschiedener Palmitatkonzentrationen. Dargestellt sind repräsentative Western-Blot-Signale zu p-AKT und p-FoxO1 in Lysaten von MIN6-Zellen, die für zwei Tage mit verschiedenen Palmitatkonzentrationen (0 bis 0,5 mM) und einer niedrigen sowie hohen Glucosekonzentrationen (5 mM vs. 50 mM) exponiert waren. Als Ladekontrolle wurde zusätzlich das Gesamtprotein von AKT und FoxO1 detektiert (A). Von drei unabhängigen Versuchen wurde die Bandenintensität von p-AKT und p-FoxO1 bestimmt, ins Verhältnis zur Bandenintensität von Gesamt-AKT bzw. Gesamt-FoxO1 gesetzt und gemittelt. Gezeigt sind jeweils die Mittelwerte ± SEM für p-AKT und p-FoxO1 (B). Signifikante Unterschiede wurden mit einem parameterfreien U-Test ermittelt (* $p \leq 0{,}05$).

3.3.5.2 Einfluss von Glucose und Fettsäureexposition auf die Expression β-zellspezifischer Transkriptionsfaktoren

Die in-vivo-Ergebnisse zu den Transkriptionsfaktoren PDX1 und Nkx6.1 ergaben, dass ihr Verlust mit einer starken Verminderung des Insulingehalts in den Inseln sowie mit einem messbaren β-Zelluntergang einherging (Tag 16). Außerdem führte die zweitägige Behandlung von NZO-Inseln (ex vivo) mit Glucose und Palmitat zu einer deutlichen Verminderung in der Expression dieser beiden Transkriptionsfaktoren. Um diesen Effekt in MIN6-Zellen zu prüfen, wurde die Menge von PDX1 und Nkx6.1 in Kernlysaten behandelter MIN6-Zellen bestimmt. Die MIN6-Zellen wurden dazu erneut mit drei Glucosekonzentrationen (5, 25, 50 mM) in An- und Abwesenheit der Fettsäure Palmitat für 48 h behandelt und danach Kernlysate gewonnen. Im Unterschied zu den in-vivo- und ex-vivo-Versuchen zeigte sich hier offenbar kein Einfluss glucolipotoxischer Bedingungen auf die Expression von PDX1 und Nkx6.1. Unabhängig von der Anwesenheit des Palmitats war PDX1 (Abb. 27A) sowie Nkx6.1 (Abb. 27B) bei keiner der drei Glucosekonzentrationen verändert. Selbst bei Erhöhung der Palmitat-

ERGEBNISSE

konzentration auf 0,5 mM konnte bei 50 mM Glucose keine Verminderung des PDX1 beobachtet werden (Daten nicht gezeigt). Die Untersuchung von MIN6-Zellen verdeutlicht, dass Glucose in Verbindung mit Palmitat zwar den aktiven Insulin/IGF-1-Rezeptor-Signalweg beeinträchtigt, jedoch unabhängig davon keine Beeinflussung in der Expression der β-zellspezifischen Transkriptionsfaktoren PDX1 und Nkx6.1 auftrat.

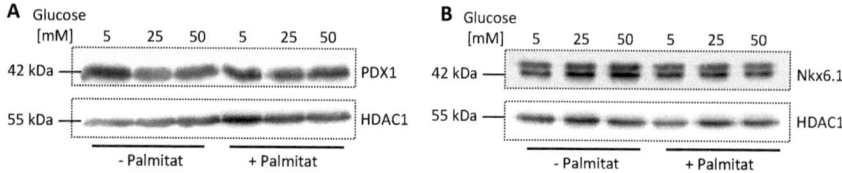

Abb. 27: Expression der β-zellspezifischen Transkriptionsfaktoren PDX1 und Nkx6.1 in MIN6-Zellen unter glucolipotoxischen Bedingungen. Gezeigt sind Western-Blot-Signale von Kernlysaten der MIN6-Zellen, die für 48 h mit 5, 25 und 50 mM Glucose in Ab- und Anwesenheit von 0,3 mM Palmitat behandelt wurden. Als endogene Kontrolle wurde das nukleäre Protein HDAC1 (*histone deacetylase 1*) detektiert.

In Vorarbeiten wurde als Resultat der Glucolipotoxizität eine Abnahme der Expression des β-zellspezifischen Transkriptionsfaktors MafA in NZO-Mäusen nach etwa acht Tagen Kohlenhydratfütterung beobachtat (Kluth, 2008).

Zur Bestätigung, dass Glucose in hohen Konzentrationen in Verbindung mit Lipidtoxizität auch zu einer Beeinflussung der MafA-Expression in MIN6-Zellen führt, wurde die Menge des MafA in Kernlysaten von behandelten MIN6-Zellen bestimmt. Die Behandlung der Zellen mit steigenden Glucosekonzentrationen führte zunächst in Abwesenheit des Palmitats zu einer gesteigerten MafA-Expression. Im Gegensatz dazu verhinderte die Zugabe von Palmitat bereits bei 25 mM Glucose eine Aktivierung der MafA-Expression. Die weitere Erhöhung der Glucosekonzentration auf 50 mM im Beisein der Fettsäure hatte bereits eine verminderte MafA-Expression zur Folge (Abb. 28).

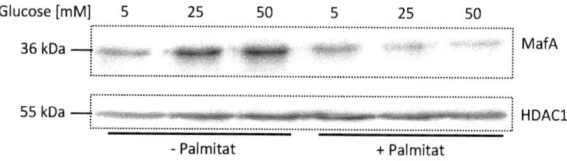

Abb. 28: Expression des β-zellspezifischen Transkriptionsfaktors MafA in MIN6-Zellen unter glucolipotoxischen Einflüssen. Gezeigt sind Western-Blot-Signale von MafA auf Kernlysaten von MIN6-Zellen, die für 48 h mit 5, 25 und 50 mM Glucose in Ab- und Anwesenheit von 0,3 mM Palmitat behandelt wurden. Als endogene Kontrolle wurde das Kernprotein HDAC1 (*histone deacetylase 1*) detektiert.

ERGEBNISSE

3.3.6 Untersuchung von Komponenten aus Zellstress-Signalwegen in β-Zellen

Die durch glucolipotoxische Bedingungen in der NZO-Maus sowie *in vitro* an MIN6-Zellen ausgelösten Beeinträchtigungen des Insulin/IGF-1-Rezeptor-Signalwegs mit Dephosphorylierung von AKT lassen die nachgewiesene Apoptose der β-Zellen größtenteils erklären. Um zu prüfen, ob auch Stress-Signalwege in den Prozess des β-Zelluntergangs involviert sind, wurde unter anderem untersucht, ob ER-Stress eine Rolle spielt. Zum Nachweis von ER-Stress in β-Zellen, kann die Aktivierung von Proteinen aus der UPR (*unfolded protein response*) untersucht werden. Aus diesem Grund wurde geprüft, ob phospho-eIF2α (*eukaryotic initiation factor 2α*) als Initiator der UPR in Lysaten von zwei Tage behandelten NZO-Inseln und MIN6-Zellen verändert ist.

Die Einschätzung der Bandenmuster von p-eIF2α bei verschiedenen Behandlungen der Inseln bzw. MIN6-Zellen war aufgrund von Schwankungen in der Proteinbeladung schwierig, weshalb das Verhältnis der Bandenintensitäten von p-eIF2α und Gesamt-eIF2α berechnet und grafisch dargestellt wurde. Hier wird deutlich, dass keine Unterschiede zwischen den bei 11 und 38,7 mM Glucose in An- und Abwesenheit von Palmitat behandelten Inseln auftraten. Durch Zufügen des ER-Stress-Aktivators Tunicamycin konnte aber gezeigt werden, dass eine Erhöhung von ER-Stress in den Inseln möglich ist (Abb. 29A). Die ebenfalls für zwei Tage unter glucolipotoxischen Bedingungen behandelten MIN6-Zellen bestätigten die *ex-vivo*-Ergebnisse der Inseln. Steigende Glucosekonzentrationen sowie Palmitat konnten keine erhöhte Aktivität des eIF2α auslösen. Lediglich die Beigabe von Tunicamycin hatte eine gesteigerte Phosphorylierung von eIF2α zur Folge (Abb. 29B). Zusammengenommen konnten die Untersuchungen keinen Zusammenhang zwischen β-Zellapoptose und gesteigertem ER-Stress ausmachen.

ERGEBNISSE

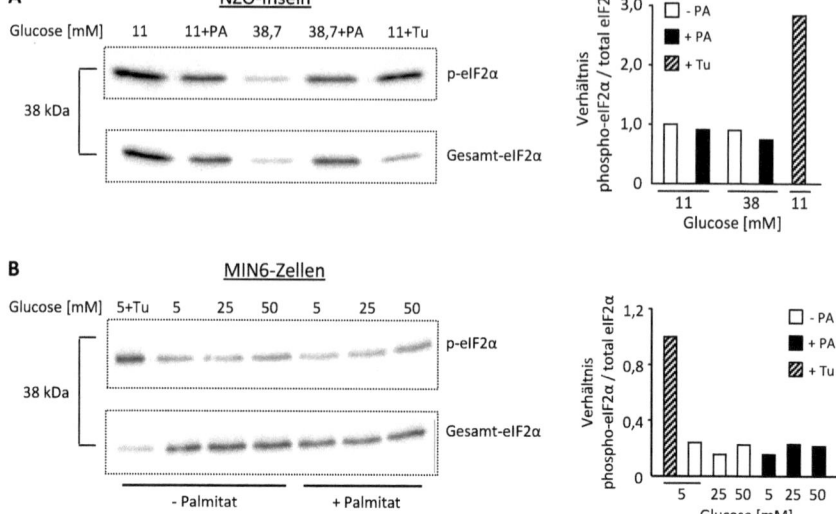

Abb. 29: Phosphorylierung von eIF2α in NZO-Inseln und MIN6-Zellen unter glucolipotoxischen Bedingungen. Gezeigt sind Western-Blot-Signale von p-eIF2α in Lysaten von zwei Tage behandelten NZO-Inseln (A) und MIN6-Zellen (B). Die Inseln sind bei 11 und 38 mM Glucose in An- und Abwesenheit von 0,3 mM Palmitat (PA) behandelt. Als Positivkontrolle wurden Inseln bei 11 mM Glucose mit 2 µg/l Tunicamycin (Tu) inkubiert. Die MIN6-Zellen wurden mit 5, 25 und 50 mM Glucose in An- und Abwesenheit von 0,3 mM Palmitat gehalten. Als Positivkontrolle wurden Zellen bei 5 mM Glucose mit 2 µg/l Tunicamycin (Tu) behandelt. Zum Vergleich wurde zusätzlich Gesamt-eIF2α detektiert. Zur besseren Einschätzung der Ergebnisse wurde die Bandenintensitäten der gezeigten Blots quantifiziert und das Verhältnis von p-eIF2α und Gesamt-eIF2α berechnet und grafisch dargestellt (rechts).

Ein weiteres Protein, welches an glucoseinduziertem oxidativem Stress in β-Zellen beteiligt ist, ist die c-Jun N-terminale Kinase (JNK). Bei dieser Kinase handelt es sich um eine MAP-Kinase (*mitogen-activated protein*), die die ER-Stress-vermittelte β-Zellapoptose aktivieren kann (van der Kallen et al., 2009).

Da weder in NZO-Inseln, noch in MIN6-Zellen eine erhöhte ER-Stress-Antwort bei glucolipotoxischen Behandlungsmethoden bestimmt wurde, lag die Vermutung nahe, dass die JNK-Phosphorylierung ebenfalls unbeeinflusst bleibt. Ein Nachweis dafür wurde durch Bestimmung der Menge des p-JNK in Lysaten von behandelten MIN6-Zellen erbracht. Die bei drei Glucosekonzentrationen (5, 25, 50 mM) in An- und Abwesenheit von Palmitat behandelten Zellen wiesen bei allen Konditionen unveränderte Mengen des p-JNK auf, was zeigt, dass dieser Signalweg in dem System nicht aktiviert wurde (Abb. 30).

ERGEBNISSE

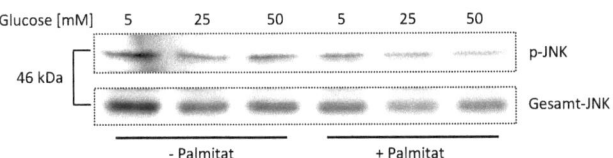

Abb. 30: Einfluss glucolipotoxischer Bedingungen auf die Aktivierung der JNK in MIN6-Zellen. Gezeigt sind Western-Blot-Signale von p-JNK in Lysaten von zwei Tage behandelten MIN6-Zellen. Die Zellen wurden mit 5, 25 und 50 mM Glucose in An- und Abwesenheit von 0,3 mM Palmitat behandelt. Als Ladekontrolle diente Gesamt-JNK.

Innerhalb des durch Stress aktivierten MAP-Kinase Signalwegs spielt der Transkriptionsfaktor c-Jun eine zentrale Rolle. Er wird durch JNK phosphoryliert und aktiviert. Aktives c-Jun wird als Suppressor der Insulinexpression beschrieben (Henderson und Stein, 1994; Inagaki et al., 1992). Neben einer erhöhten Phosphorylierung ist auch eine gesteigerte Expression des c-Jun bei T2D in Mäusen bestimmt worden, was zu einer Unterdrückung der MafA-Expression führte (Matsuoka et al., 2010).

Da MIN6-Zellen unter glucolipotoxische Bedingungen mit einer verminderten MafA-Expression sowie einer erhöhten Apoptoserate reagierten, wurde geprüft, ob eine gesteigerte Expression von c-Jun unter diesen Bedingungen vorlag.

In der Tat zeigten MIN6-Zellen bei zweitägiger Behandlung eine erhöhte c-Jun-Expression ab einer Glucosekonzentration von 25 mM, wenn Palmitat im Medium vorhanden war. In Abwesenheit der Fettsäure konnte bei allen drei Glucosekonzentrationen nahezu keine Veränderungen in der c-Jun-Expressoin festgestellt werden (Abb. 31).

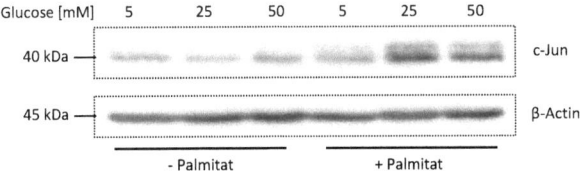

Abb. 31: Einfluss glucolipotoxischer Bedingungen auf die Expression des Transkriptionsfaktors c-Jun in MIN6-Zellen. Gezeigt sind Western-Blot-Signale von c-Jun in Lysaten von zwei Tage behandelten MIN6-Zellen. Die Zellen wurden mit 5, 25 und 50 mM Glucose in An- und Abwesenheit von 0,3 mM Palmitat behandelt. Als Ladekontrolle diente β-Actin.

ERGEBNISSE

3.3.7 Einfluss glucolipotoxischer Bedingungen auf die Insulinexpression in β-Zellen der NZO- und ob/ob Maus

NZO- sowie ob/ob-Mäuse reagierten nach Umstellung auf Kohlenhydrate mit einer stark erhöhten Insulinsekretion. Die NZO-Mäuse waren jedoch nicht in der Lage den Blutzuckerspiegel zu normalisieren, während die ob/ob-Mäuse trotz einer transienten Hyperglykämie längerfristig vor einem T2D geschützt waren. Die Immunfärbung von Insulin in NZO- und ob/ob-Inseln ergab, dass ausschließlich NZO-Mäuse eine schnelle Entleerung ihrer Insulinspeicher aufwiesen und offensichtlich nicht ausreichend neues Insulin nachgebildet wurde. Hinweise auf eine in der NZO-Maus beeinträchtigte Insulinexpression geben auch die Störung des Insulin/IGF-1-Rezeptor-Signalwegs sowie der Verlust der Insulingentranskriptionsfaktoren PDX1 und MafA. Umgekehrt war eine Erhöhung der Insulinexpression bei Kohlenhydratgabe in der ob/ob-Maus zu erwarten, da diese weder eine Degranulierung noch einen Verlust des AKT-Signalwegs sowie von PDX1 aufwiesen.

Da eine Isolation von NZO-Inseln zu späten Zeitpunkten aufgrund des beginnenden β-Zelluntergangs nicht mehr möglich war, wurde die Insulinexpression (*Ins1* und *Ins2*) nur nach zwei und vier Tagen Kohlenhydratfütterung untersucht und mit der von ob/ob-Mäusen verglichen. Neben der Insulinexpression wurde zusätzlich geschaut, ob die Expression des Transkriptionsfaktors *Pdx1* mit der des Insulins in beiden Modellen korreliert.

Im Verlauf der ersten vier Tage stieg der Blutzuckerspiegel der NZO-Mäuse von 9,8 ± 0,6 mM auf 15,7 ± 1,2 mM und der der ob/ob-Mäuse von 6,6 ± 0,3 mM auf 12,2 ± 1,2 mM, womit glucolipotoxische Bedingungen in beiden Modellen vorlagen. Die Bestimmung der Insulinexpression via qRT-PCR ergab, dass beide Insulingene unabhängig von der Diät und dem Tiermodell extrem stark exprimiert waren (etwa 1000 bis 2000-mal stärker als die endogene Kontrolle *Ppia*). Bei zwei- bzw. viertägiger Kohlenhydratexposition war die Insulinexpression in NZO-Mäusen leicht aber nicht signifikant erhöht. Im Vergleich dazu wurde die Expression des Transkriptionsfaktors *Pdx1* nach Kohlenhydratgabe stärker erhöht und erreichte am Tag vier eine signifikante Steigerung gegenüber dem Tag null (Abb. 32A-C). Diese Ergebnisse zeigen, dass die Umstellung der NZO-Mäuse auf eine diabetogene Diät zwar zu einer leichten Erhöhung der *Pdx1*-Expression führt, jedoch keine nennenswerte Aktivierung der Insulinexpression ausgelöst wurde.

Auch ob/ob-Mäuse zeigten innerhalb der ersten vier Tage mit Kohlenhydraten ähnliche Aktivitäten der Insulingene *Ins1* und *Ins2*. Lediglich zum Tag null war die Expression aller drei Gene bei den ob/ob-Tieren etwa doppelt so hoch wie bei den NZO-Mäusen (Vergleich, siehe **Abb. 32**). Bei Kohlenhydratgabe änderte sich wie bei den NZO-Mäusen die Insulinexpression in den Inseln der ob/ob-Tiere nur leicht, aber nicht signifikant. Hier war allerdings ein Trend zu einer niedrigeren Insulinexpression zu beobachten. Die *Pdx1*-Expression verhielt sich bei den ob/ob-Tieren jedoch gegensätzlich. Nach zwei Tagen Kohlenhydratdiät kam es zunächst zu einer Erniedrigung und nach

ERGEBNISSE

vier Tagen wieder zu einer Normalisierung. Beide Unterschiede waren statistisch signifikant (Abb. 32D-E).

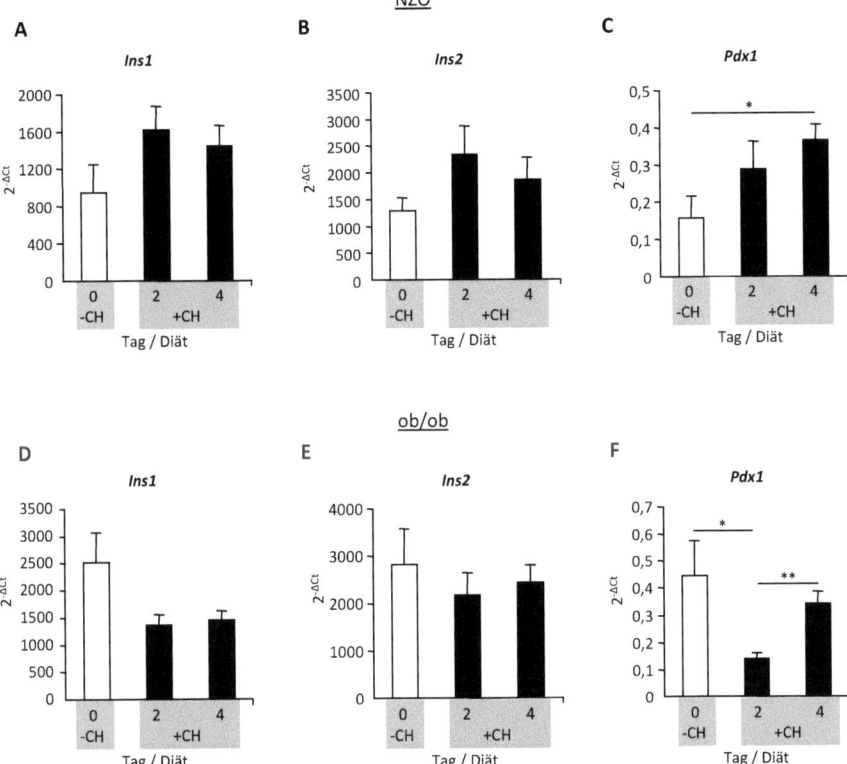

Abb. 32: Expression der Insulingene *Ins1* und *Ins2* sowie des Transkriptionsfaktors *Pdx1* in Inseln von –CH und +CH-gefütterten NZO und ob/ob-Mäusen. Gezeigt ist die relative Expression von *Ins1* (A+D), *Ins2* (B+E) sowie *Pdx1* (C+F) in Inseln von 18 ± 1 Wochen alten NZO- und ob/ob-Mäusen, die entweder kohlenhydratfrei oder für zwei und vier Tage mit Kohlenhydraten gefüttert wurden. Die Inseln wurden nach der Isolation maximal 1 h in RPMI 1640 (11 mM Glucose) im Brutschrank vorinkubiert, bevor die RNA isoliert wurde. Die Bestimmung erfolgte mittels quantitativer *real-Time*-PCR (qRT-PCR) und stellt die Mittelwerte ± SEM von 4 –8 Tieren pro Gruppe dar. Als endogene Kontrolle wurde *Ppia* (*peptidylprolyl isomerase A*) eingesetzt. Signifikante Unterschiede wurden mit einem parameterfreien U-Test ermittelt (* $p ≤ 0{,}05$).

Um die *in-vivo*-Ergebnisse zur Insulinexpression zu bekräftigen, wurde erneut ein *ex-vivo*-Experiment durchgeführt, bei dem isolierte NZO- und ob/ob-Inseln für zwei Tage unter glucolipotoxischen Bedingungen kultiviert wurden und die Expressionen von Insulin und *Pdx1* via qRT-PCR aus Insel-cDNA bestimmt wurde. Die Ergebnisse mit NZO-Inseln zeigen, dass die Erhöhung der Glucosekonzentration im Medium von 11,1 mM auf 38,7 mM eine 2 – 3 fache Steigerung der Insulinexpression zur Folge hatte. Wurde dem Medium jedoch Palmitat (0,3 mM) zugefügt, war die

ERGEBNISSE

gesteigerte *Ins1*-Expression bei 38,7 mM Glucose vollständig inhibiert sowie die *Ins2*- und *Pdx1*-Expressionen stark beeinträchtigt (Abb. 33A-C). Diese Ergebnisse zeigen, dass glucolipotoxische Kulturbedingungen bei NZO-Inseln eine verminderte *Pdx1*-Expression und folglich eine beeinträchtigte Insulinexpression bewirkten.

Vergleicht man den Einfluss glucolipotoxischer Bedingungen auf die Insulin- und *Pdx1*-Expression behandelter ob/ob-Inseln mit dem der behandelten NZO-Inseln, zeigte sich ein ähnlicher Effekt. Unter hohen Glucosekonzentrationen (38 mM) erfolgte eine Induktion der Insulingene um mehr als das Doppelte im Vergleich zu 11 mM Glucose, während die Supplementation von 0,3 mM Palmitat eine Erhöhung der Insulingenaktivität bei der hohen Glucosekonzentration vollständig inhibierte (Abb. 33D-E).

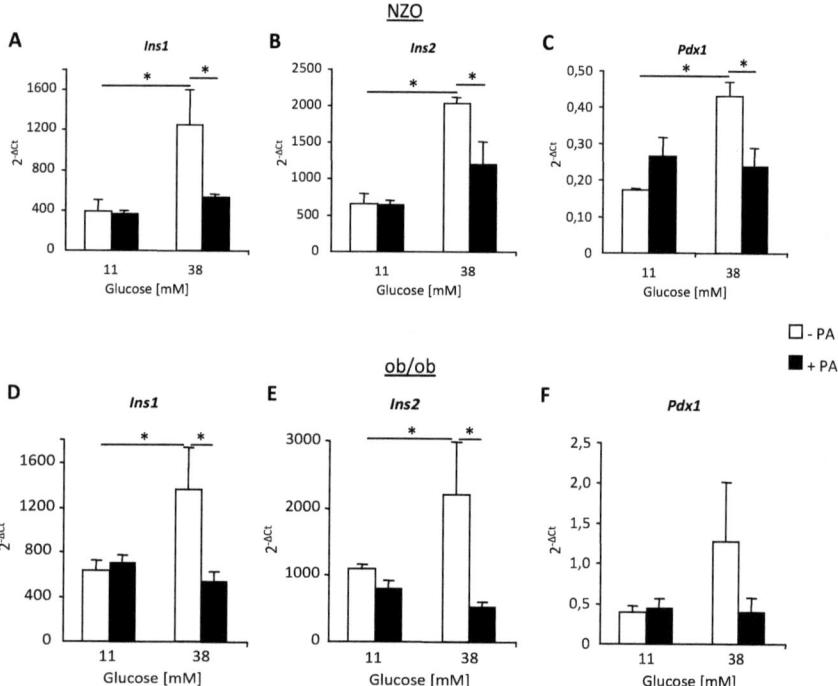

Abb. 33: Expression der Insulingene *Ins1* und *Ins2* sowie des Transkriptionsfaktors *Pdx1* in behandelten NZO- und ob/ob-Inseln. Gezeigt ist die relative Expression von *Ins1* (A+D), *Ins2* (B+E) sowie *Pdx1* (C+F) in NZO- und ob/ob-Inseln, die nach einer Erholungszeit von zwei Tagen für weitere zwei Tage bei 11,1 bzw. 38,7 mM Glucose in An- und Abwesenheit von 0,3 mM Palmitat (PA) behandelt wurden. Die Bestimmung erfolgte mittels quantitativer *real-Time*-PCR (qRT-PCR) und stellt die Mittelwerte ± SEM von 3 – 4 wiederholten Experimenten dar. Als endogene Kontrolle wurde *Ppia* (Peptidylprolylisomerase A) eingesetzt. Signifikante Unterschiede wurden mit einem parameterfreien U-Test ermittelt (* $p \leq 0,05$).

Im Vergleich zu den *in-vivo*-Daten werden Gemeinsamkeiten wie auch Unterschiede hinsichtlich der Insulin- und *Pdx1*-Expression deutlich. So waren die *Ins1*- bzw. *Ins2*-Expressionen im Tier zum

ERGEBNISSE

Zeitpunkt null (-CH) bereits etwa doppelt so hoch, wie bei Inseln, die mehrere Tage unter normalen Kulturbedingungen inkubiert waren. Ähnlich zu den behandelten Inseln, war eine durch die Kohlenhydrate induzierte Steigerung der Insulinexpression unter dem Aspekt der Hyperlipidämie nicht beobachtbar. Interessanterweise führte die Hyperglykämie in der NZO-Maus zu einer signifikant höheren *Pdx1*-Expression zum Tag vier, während eine Steigerung bei behandelten Inseln unter glucolipotoxischen Bedingungen ausblieb.

Da behandelte NZO- und ob/ob-Inseln sowie MIN6-Zellen zum Teil erhebliche Unterschiede in der Aktivität von Komponenten des Insulin/IGF-1-Rezeptor-Signalwegs aufweisen bzw. sich die Expression von β-zellspezifischen Transkriptionsfaktoren unterscheidet, sollte geprüft werden, welchen Einfluss Glucose und Palmitat auf die Insulin- sowie *Pdx1*-Expression in MIN6-Zellen haben. Aus den Zellen wurde daher auch nach zweitägiger Behandlung RNA gewonnen, in cDNA umgeschrieben und mittels qRT-PCR auf Expressionsunterschiede von *Ins1*, *In2* und *Pdx1* getestet. Wurden die Zellen in Abwesenheit von Palmitat kultiviert, so erhöhte sich die Insulinexpression zwischen 5 und 25 mM Glucose leicht, aber nicht signifikant. Bei der höchsten Glucosekonzentration (50 mM) verringerte sich die Insulinexpression jedoch wieder, wobei *Ins1* signifikante Unterschiede aufwies. Im Gegensatz dazu stieg die *Pdx1*-Expression weiter an. Bei Anwesenheit des Palmitats konnte eine signifikante Inhibierung des *Ins1* bei 25 mM Glucose und des *Ins2* bei 50 mM Glucose festgestellt werden. Die *Pdx1*-Expression war unter Fettsäureeinfluss ebenfalls leicht aber nicht signifikant gehemmt (Abb. 34A-C).

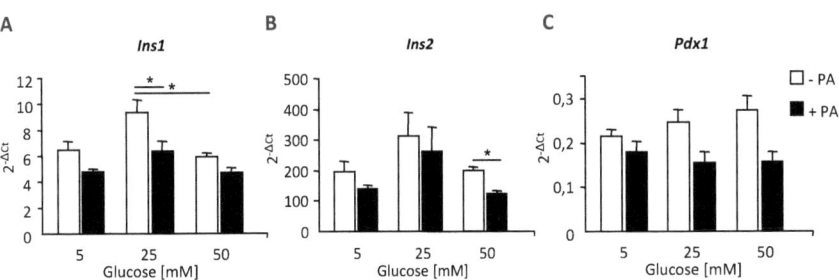

Abb. 34: Expression der Insulingene *Ins1* und *Ins2* sowie des Transkriptionsfaktors *Pdx1* in behandelten MIN6-Zellen. Dargestellt sind die relativen Expressionen der Insulingene *Ins1* (A) und *Ins2* (B) sowie des insulingenspezifischen Transkriptionsfaktors *Pdx1* (C) in MIN6-Zellen. Die Zellen wurden nach Anwachsen in DMEM bei 5 mM Glucose für zwei Tage mit Glucosekonzentrationen von 5, 25 und 50 mM in Ab- und Anwesenheit der Fettsäure Palmitat (0,3 mM) (PA) behandelt. Die Expressionsuntersuchungen erfolgten mittels quantitativer *real-Time*-PCR (qRT-PCR) und stellen die Mittelwerte ± SEM von 3 – 6 wiederholten Versuchen dar. Als endogene Kontrolle wurde *Actb* (β-Actin) detektiert. Signifikante Unterschiede wurden mit einem parameterfreien U-Test ermittelt (* $p \leq 0,05$).

Im Vergleich zu den behandelten Inseln reagierten die MIN6-Zellen deutlich träger in der Induktion der Insulinexpression. Die inhibierende Wirkung des Palmitats war deutlich schwächer ausgeprägt. Vergleicht man das Verhältnis der Expressionen von *Ins1* zu *Ins2* von Langerhans-Inseln der NZO- und ob/ob-Mäuse (etwa 1 : 3) mit dem von MIN6-Zellen (etwa 1: 32) so zeigte sich, dass das *Ins1*-Gen in MIN6-Zellen im Vergleich zu *Ins2* etwa zehnmal schwächer exprimiert wurde.

Zusammenfassend zeigen die Daten zur Expression des Insulins, dass sowohl im lebenden Tier, als auch in Kultur befindliche β-Zellen und MIN6-Zellen mit einer Hemmung der Insulinexpression unter glucolipotoxischen Bedingungen reagieren. Hohe Glucosekonzentrationen allein (Glucotoxizität) hatten in den meisten Fällen eine gesteigerte Insulinexpression zur Folge wobei Glucose in Verbindung mit Fettsäuren eine Hemmung von *Ins1, Ins2* sowie *Pdx1* bewirkten.

3.3.8 Glucose-stimulierte Insulinsekretion isolierter ob/ob und NZO-Inseln

Ob/ob wie auch NZO-Mäuse reagierten bei Kohlenhydratgabe mit einer gesteigerten Insulinsekretion, wobei nur bei ob/ob-Mäusen durch adequate Insulinmengen eine dauerhafte Hyperglykämie abgewendet wurde. Da aber beide Modelle keine ausgeprägte Steigerung der Insulinexpression nach Kohlenhydratgabe aufwiesen, kann vermutet werden, dass eine Beeinträchtigung der Kapazität der Insulinfreisetzung bei NZO-Mäusen vorlag. Um zu prüfen, ob die Inseln von ob/ob und NZO-Mäusen sich hinsichtlich ihrer Insulinsekretion unterscheiden, wurden für mindestens zwei Tage kultivierte Inseln beider Modelle einer Glucose-stimulierten Insulinsekretion unterworfen.

Unter basalen Bedingungen zeigten die Inseln der beiden Tiermodelle einen erheblichen Unterschied in der Insulinfreisetzung. Im Vergleich zu den ob/ob-Inseln besaßen NZO-Inseln bereits bei niedrigen Glucosekonzentrationen eine deutlich erhöhte Insulinfreisetzung. Bei Erhöhung der Glucosekonzentration auf 16,7 mM wurde allerdings bei den Inseln beider Modelle eine nahezu identische Menge Insulin freigesetzt. Unter Bedingungen mit maximaler Depolarisation der β-Zellen (KCl) setzen die NZO-Inseln eine etwa 1,6-fach höhere Insulinmenge frei als die ob/ob-Inseln (Abb. 35A). Betrachtet man das Verhalten der Inseln auf die stimulatorische Glucosekonzentration (16,7 mM) bzw. auf KCl, so konnte festgestellt werden, dass ob/ob-Inseln eine wesentlich verbesserte Glucoseresponsivität besaßen als die NZO-Inseln. Die Ursache dafür war die deutlich geringere basale Insulinsekretion der ob/ob-Inseln (Abb. 35B).

ERGEBNISSE

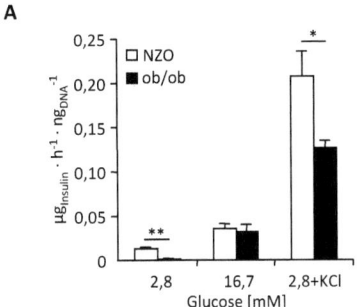 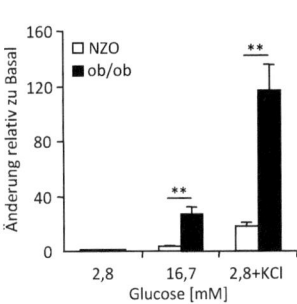

Abb. 35: Glucose-stimulierte Insulinsekretion von Langerhans-Inseln der ob/ob und NZO-Maus. Von 4 – 6 Tieren je Stamm wurden 15 Inseln in einer Dreifachbestimmung für 1 h in Krebs-Ringer-Puffer mit 2,8 mM und 16,7 mM Glucose bzw. 2,8 mM Glucose plus 35 mM KCl inkubiert und sezerniertes Insulin im ÜS mittels eines ELISA-Tests bestimmt. Die freigesetzte Insulinmenge wurde auf die DNA-Konzentration in den 15 Inseln bezogen und grafisch als Mittelwert ± SEM dargestellt (A). Zur Berechnung des Antwortverhaltens der Inseln wurde die Steigerung der Insulinmenge im ÜS auf die basale Sekretion bezogen (B).

Zusammenfassend unterschieden sich die einzelnen ob/ob- und NZO-Inseln durch eine unterschiedliche Glucoseresponsivität, wenn die Glucosekonzentration im Medium erhöht wird, während die freigesetzte Menge Insulin etwa gleich war.

3.4 Untersuchungen zu den Ursachen der Diabetesresistenz der ob/ob-Maus

3.4.1 Vergleichende Transkriptomanalyse von ob/ob- und NZO-Inseln nach zweitägiger Kohlenhydratfütterung

Die bisher gewonnenen Ergebnisse hatten gezeigt, dass eine 32-tägige Kohlenhydratgabe bei NZO-Mäusen einen T2D mit β-Zelluntergang auslöste, während ob/ob-Tiere trotz einer anfänglich leichten Hyperglykämie längerfristig gesund blieben. Die zu einem früheren Zeitpunkt durchgeführten physiologischen Untersuchungen konnten eine Ursache dafür aufzeigen. Trotz massiver Adipositas und Insulinresistenz waren ob/ob-Mäuse in der Lage, durch eine extreme Insulinsekretion eine Normoglykämie aufrecht zu erhalten. Da es sich bei den verglichenen Stämmen um genetisch divergente Modelle handelt, sollte eine *Microarray*-basierte Transkriptomanalyse von Insel-RNA Aufschluss über eine differentielle Genaktivität geben und klären, warum ob/ob-Mäuse vor einem diätinduziertem T2D geschützt waren. Hierzu wurden in Zusammenarbeit mit Daniel Kaiser und Dr. Stephan Scherneck Inseln von kohlenhydratrestriktiv bzw. für zwei Tage kohlenhydrathaltig ernährten NZO- und ob/ob-Mäusen isoliert und die Insel-RNA in Form von cDNA auf einem DNA-Chip

ERGEBNISSE

hybridisiert. Auf diese Weise konnte die Menge aller vorhandenen Transkripte (> 33.000 Gene) in beiden Stämmen und zwischen den zwei Diäten miteinander verglichen werden.

Mit Hilfe der DAVID *Bioinformatics Database* wurde zunächst aus den Rohdaten ermittelt, dass zwischen den Stämmen sowie zwischen den verschiedenen Fütterungen erhebliche Unterschiede in der Genregulation vorlagen. Insbesondere wurde aus diesen Daten ersichtlich, dass die Kohlenhydratfütterung zu einer deutlich höheren Genregulation in ob/ob-Mäusen als in NZO-Mäusen führte (Tab. 8A). Unabhängig von der Diät unterschieden sich die beiden Stämme bezüglich der Expression von über 750 Genen (Tab. 8B).

A   **+CH vs. -CH**

Stamm	erhöhte Expression	reprimierte Expression
ob/ob	359	84
NZO	28	24

Tab. 8A: Signifikant regulierte Gene nach zwei Tagen +CH-Fütterung

B   **ob/ob vs. NZO**

Diät	erhöhte Expression	reprimierte Expression
-CH	758	1189
+CH	895	1032

Tab. 8B: Signifikant regulierte Gene von ob/ob im Vergleich zu NZO

Durch die Analyse der *Array*-Daten mittels der KEGG (*Kyoto Encyclopedia of Genes and Genomes*)-Datenbank wurden die regulierten Gene Signalwegen zugeordnet, die signifikant aktiviert oder reprimiert waren. Diese Analyse konnte aufzeigen, dass eine zweitägige Kohlenhydratintervention in hohem Maße beteiligte Gene des Zellzyklus, p53-Signalwegs sowie des Purin- und Pyrimidinmetabolismus ausschließlich in ob/ob-Mäusen aktiviert. Weiterhin ergab die Signalweganalyse auch, dass unabhängig von der Diät Proteine der extrazellulären Matrix sowie solche, die in Zusammenhang mit Zelladhäsion stehen, in NZO-Mäusen stärker exprimiert waren als in ob/ob.

Um zu zeigen, dass die Kohlenhydratfütterung eine Aktivierung der β-Zellproliferation in ob/ob-Mäusen initiiert, wurde die Expression von Zellzyklusproteinen wie Cyclin A2 (*Ccna2*) und Ki-67 (*Mki67*) in den *Array*-Daten betrachtet. Zusätzlich wurde geprüft, ob der Transkriptionsfaktor FoxM1 (*Foxm1*), welcher für die Übergänge sämtlicher Phasen des Zellzyklus verantwortlich ist, in +CH-gefütterten ob/ob-Mäusen höher exprimiert war (Davis et al., 2010).

In der Tat ergab die Auswertung der *Array*-Daten, dass die drei untersuchten Transkripte der Zellzyklusproteine in hohem Maß in ob/ob-Mäusen nach zweitägiger Kohlenhydratgabe aktiviert

ERGEBNISSE

waren. Bei NZO-Mäusen zeigten die Proliferationsmarker nach Diätumstellung keine Veränderungen in ihrer Aktivität (Abb. 36A). Eine Verifizierung via qRT-PCR bestätigte die Ergebnisse der Array-Analyse. Die Expressionen aller drei untersuchter Proliferationsmarker waren im Vergleich zur NZO-Maus ausschließlich bei +CH-gefütterten ob/ob-Mäusen signifikant gesteigert (Abb. 36B). Aus diesen Daten wird ersichtlich, dass die ob/ob-Maus bei Kohlenhydratgabe mit einer Aktivierung der β-Zellproliferation reagierte, während diese in der NZO-Maus unterdrückt wurde.

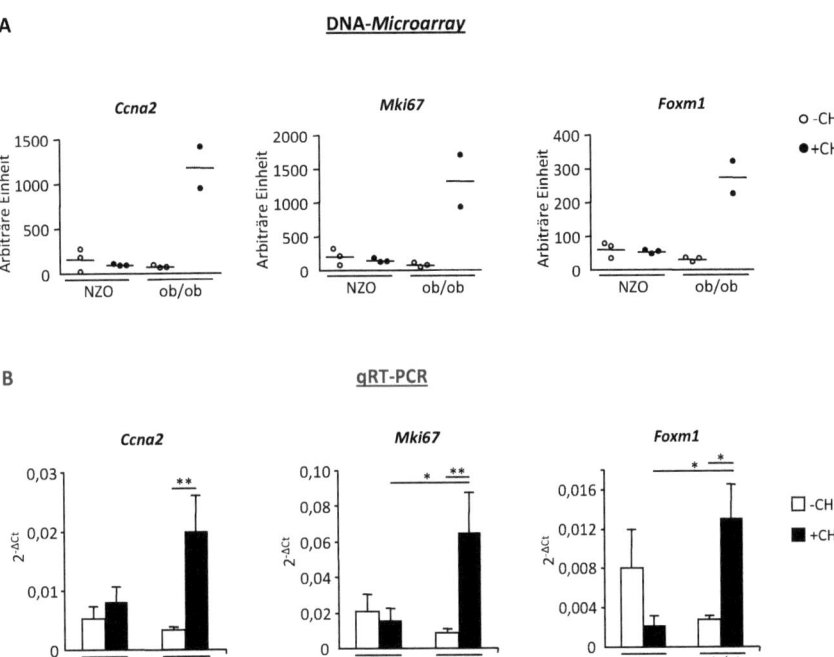

Abb. 36: Expression von Zellzyklusgenen in Inseln von ob/ob- und NZO-Mäusen. Gezeigt ist die Expression dreier Markerproteine für die Zellzyklusprogression aus den *Array*-Analysen (A) sowie nach qRT-PCR-Verifizierung (B). Für die *Array*-Analyse wurde die Insel-RNA von drei Tieren je Gruppe (zwei Tiere bei +CH gefütterten ob/ob) als cDNA in einem *Microarray*-Chip hybridisiert und die entstehende Fluoreszenzintensität jedes *Spots* mit einem Laserscanner gemessen. Die normalisierten Fluoreszenzsignale (arbiträre Einheiten) sind proportional zur Aktivität der untersuchten Gene. Zur Verifizierung der Arraydaten wurden ob/ob- und NZO-Mäuse erneut einer zweitägigen Kohlenhydratintervention unterworfen und die Insel-RNA von fünf Tieren je Gruppe als cDNA via qRT-PCR ausgewertet. Die Diagramme zeigen die relative Expression ± SEM von *Ccna2* (Cyclin-A2), *Mki67* (Ki-67) und *Foxm1* (Forkhead box M1). Ein parameterfreier U-Test wurde bei den qRT-PCR-Daten angewandt um statistisch signifikante Unterschiede festzustellen (* $p \leq 0{,}05$). (-CH: *no carbohydrate, fat enriched di*et; +CH: *fat enriched diet with carbohydrates*)

ERGEBNISSE

3.4.2 Untersuchung des Einflusses von Kohlenhydratfütterung auf die β-Zellproliferation

Im nächsten Schritt wurde mit Hilfe einer immunhistochemischen Färbung des Ki-67-Proteins geprüft, ob die Aktivierung des Zellzyklus über die gesamte Interventionsdauer von 32 Tagen anhielt oder nicht. Darüber hinaus wurde in Pankreasschnitten von kohlenhydratgefütterten NZO-Mäusen Ki-67 gefärbt, um zu untersuchen, ob hier eventuell zu einem späteren Zeitpunkt noch eine Induktion der Proliferation erfolgte.

Die Färbung der ob/ob-Pankreasschnitte bestätigte die Daten der Expressionsuntersuchungen. Nach zweitägiger Kohlenhydratgabe zeigten die Inseln eine deutlich erhöhte Anzahl Ki-67-positiver Zellkerne (3,3 ± 0,5 %), während die β-Zellproliferation bei Kohlenhydratrestriktion nahezu vollständig unterdrückt war (0,2 ± 0,1 %). Im weiteren Zeitverlauf nimmt die Anzahl Ki-67-positiver Kerne allerdings wieder kontinuierlich ab und kehrt bis zum Tag 32 auf etwa den Ausgangswert zurück. Eine morphometrische Bestimmung der Anzahl Ki-67-positiver Kerne konnte signifikante Unterschiede zwischen dem Tag null und den Tagen zwei, vier und acht feststellen (Abb. 37A). Im Vergleich zu den ob/ob-Tieren reagieren die NZO-Mäuse bei Kohlenhydratgabe mit keiner gesteigerten β-Zellproliferation. Hier war die Anzahl Ki-67-positiver Kerne unabhängig von der Fütterung nahezu stabil und vergleichbar mit der von kohlenhydratfrei ernährten ob/ob-Mäusen. In Zusammenhang mit der ab Tag acht beginnenden β-Zellapoptose zeigte sich ab hier ein Trend zu verminderter β-Zellproliferation. Signifikante Unterschiede zum Tag null (-CH) konnten nicht ausgemacht werden (Abb. 37B).

Die unmittelbar nach Kohlenhydrataufnahme gesteigerte sowie im weiteren Zeitverlauf rückläufige β-Zellproliferation verdeutlicht die Anpassung der ob/ob-Maus an die neue Nahrungssituation. Die dadurch erhöhte β-Zellmasse ist offensichtlich ausreichend, um eine Hyperglykämie zu kompensieren und erklärt die erhöhten Insulinspiegel im Plasma der Tiere. Um zu überprüfen, inwiefern sich die β-Zellmasse während der 32-tägigen Kohlenhydratintervention bei der ob/ob und NZO-Maus ändert, wurde die Inselfläche, die Inselgröße sowie die Inselzahl zu Beginn (Tag null) und am Ende der Intervention (Tag 32) bestimmt.

ERGEBNISSE

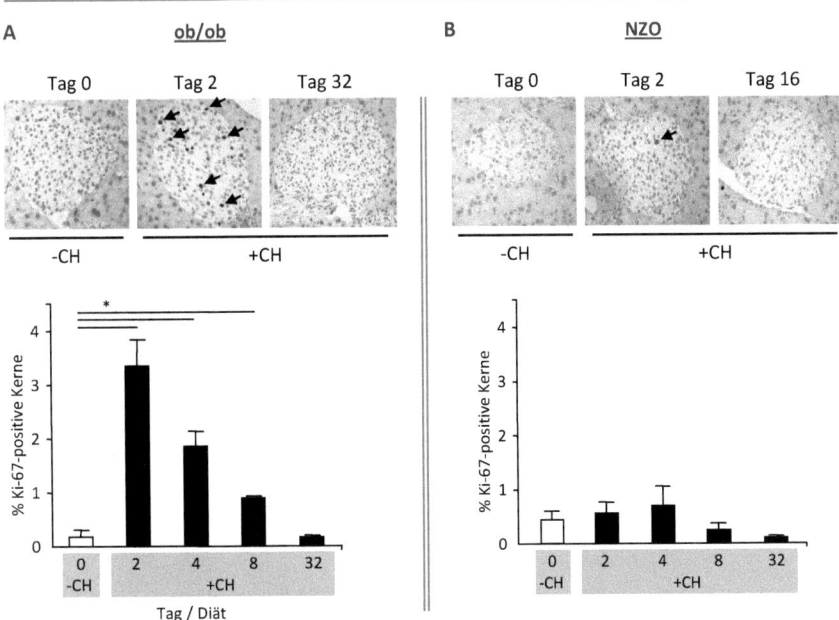

Abb. 37: β-Zellproliferation bei ob/ob- und NZO-Mäusen nach Kohlenhydratfütterung. Gezeigt sind repräsentative immunhistochemische Färbungen des Proliferationsmarkers Ki-67 (Pfeile) an den Tagen null, zwei und 32 von ob/ob (A) und NZO-Pankreasschnitten (B) bei Kohlenhydratrestriktion bzw. Kohlenhydratgabe (oberer Bildteil). Von 3 – 6 Tieren je Gruppe wurde der prozentuale Anteil Ki-67-positiver Kerne je gesamter β-Zellzahl in drei Schnittebenen bestimmt und grafisch ± SEM dargestellt (unter Bildteil). Signifikante Unterschiede wurden mit einem parameterfreien U-Test ermittelt (* p = 0,05). (-CH: *no carbohydrate, fat enriched die*t; +CH: *fat enriched diet with carbohydrates*)

Die Bestimmung der Inselfläche in Bezug zur Gesamtpankreasfläche von ob/ob-Mäusen ergab eine annähernde Verdreifachung von 2,8 ± 0,3 % auf 8,2 ± 1,8 % nach 32 Tagen Kohlenhydratgabe. Dies war hauptsächlich auf eine Vergrößerung der Inseln zurückzuführen, deren durchschnittliche Größe von 0,022 ± 0,001 mm^2 auf 0,053 ± 0,014 mm^2 anstieg, während sich die durchschnittliche Inselanzahl nicht nennenswert steigerte. NZO-Mäuse hingegen besaßen zu Beginn der diätetischen Intervention lediglich 1/3 der β-Zellmasse als ob/ob-Tiere. Nach 32-tägiger Kohlenhydratfütterung war ein Trend zu einer weiteren Verminderung der β-Zellfläche zu beobachten. Zu diesem Zeitpunkt betrug die β-Zellfläche der NZO-Mäuse nur noch etwa ein 1/15 der von ob/ob-Mäusen. Ein ähnlicher Unterschied lag bei den durchschnittlichen Inselgrößen und Inselzahlen von ob/ob und NZO-Mäusen vor (**Abb. 38A-E**). Diese Daten zeigen, dass der Mangel an insulinproduzierenden Zellen in der NZO-Maus ursächlich für eine Dekompensation der Glucosehomöostase ist.

ERGEBNISSE

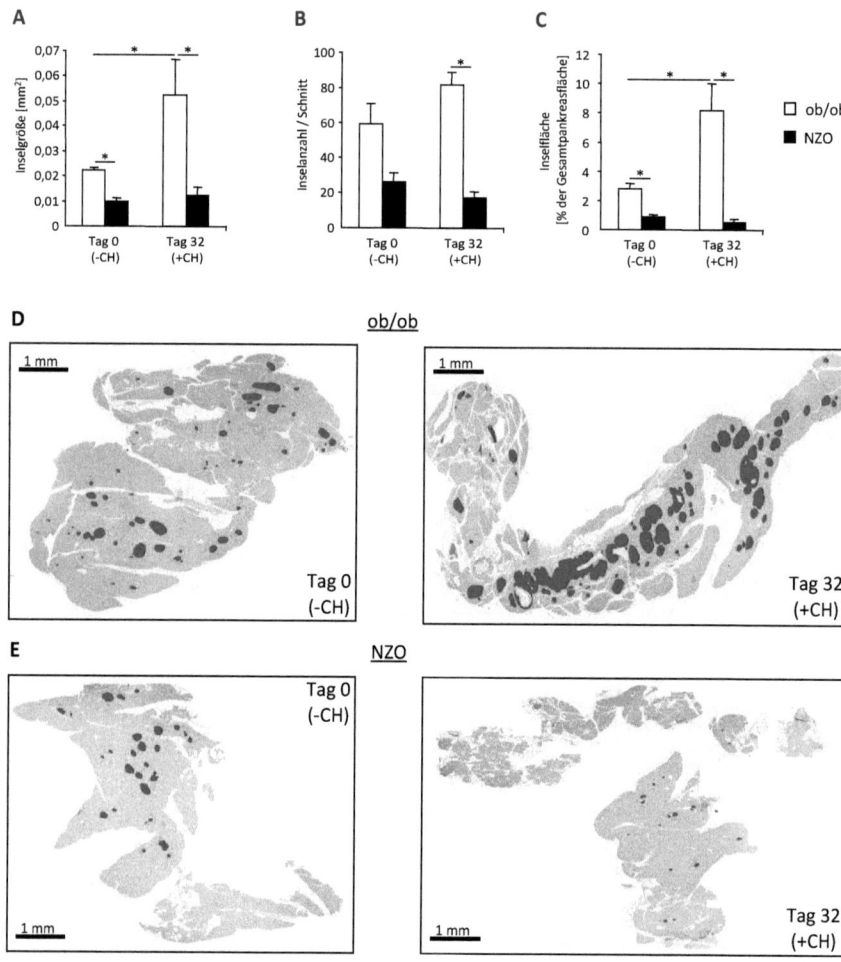

Abb. 38: Veränderung der β-Zellmasse in ob/ob- und NZO-Mäusen nach 32-tägiger Kohlenhydratfütterung. Gezeigt sind die durchschnittliche Inselgröße (A), die Inselzahl je Schnitt (B) sowie der prozentuale Anteil Inselfläche je Gesamtpankreasfläche (C) ± SEM von ob/ob und NZO-Mäusen. Die Veränderung der β-Zellmasse zwischen dem Tag null und 32 ist an zwei repräsentativen Gesamtpankreasaufnahmen von ob/ob (D) und NZO-Mäusen (E) dargestellt. Die morphometrische Analyse wurde von 3 - 6 Tieren pro Gruppe in 2 – 3 Schnittebenen durchgeführt. Signifikante Unterschiede wurden mit einem parameterfreien U-Test ermittelt (* $p = 0,05$). (-CH: *no carbohydrate, fat enriched die*t; +CH: *fat enriched diet with carbohydrates*)

DISKUSSION

4 Diskussion

Durch die Wahl eines geeigneten diätetischen Konzepts wurde in einem diabetessuszeptiblen Mausstamm in wenigen Tagen eine Hyperglykämie mit β-Zelluntergang ausgelöst, während in einem diabetesresistenten Stamm durch die transiente Induktion einer Hyperglykämie eine β-Zellproliferation induziert wurde. Unter initialen Kohlenhydratrestriktion entwickelten NZO-Mäuse eine ausgeprägte Adipositas und Insulinresistenz, waren aber vor einer Hyperglykämie sowie einem β-Zellversagen geschützt. Bei Umstellung auf eine kohlenhydrathaltige Diät entwickelten die Tiere eine rasche Hyperglykämie, die mit einem späteren β-Zelluntergang einherging. Nur durch das gleichzeitige Vorliegen einer Hyperglykämie und Hyperlipidämie (Glucolipotoxizität) kam es zu einer Dephosphorylierung der Proteinkinase B (AKT) und des Transkriptionsfaktors FoxO1 in den β-Zellen. Dieser Prozess war von einer Reduktion wichtiger Transkriptionsfaktoren (PDX1, Nkx6.1, MafA) in den β-Zellen begleitet, worauf diese ihre Lebensfähigkeit verloren. Durch Behandlung isolierter NZO-Inseln mit hohen Glucosekonzentrationen in Ab- und Anwesenheit der Fettsäure Palmitat konnten die in-vivo-Ergebnisse bestätigt werden. Weder hohe Glucosekonzentrationen noch Palmitat allein hatten einen Einfluss auf die Phosphorylierung von AKT und FoxO1 bzw. auf die Expression wichtiger Transkriptionsfaktoren. Unter glucolipotoxischen Bedingungen, also bei hohen Glucose- und Palmitatkonzentrationen, verloren die in Kultur befindlichen Inseln ihre Funktion. Ein ähnliches Szenario wurde in der β-Zelllinie MIN6 beobachtet; sie wies nur unter glucolipotoxischen Kulturbedingungen eine erhöhte Apoptoserate auf (Abb. 39) (Kluth et al., 2011).

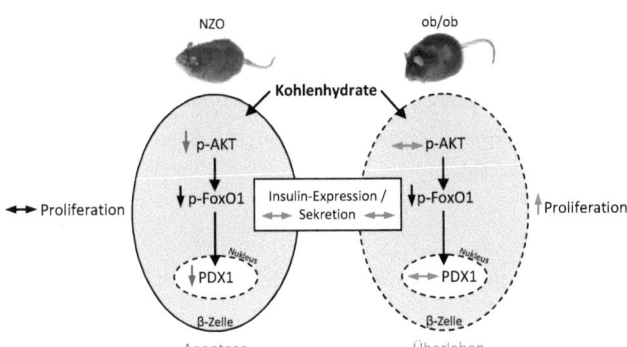

Abb. 39: Zusammenfassung der Mechanismen, die zum Untergang der NZO-Inseln bzw. zum Schutz der ob/ob-Inseln bei Kohlenhydratgabe beitragen. Der Verlust von p-AKT und PDX1 sowie das Fehlen einer kompensatorischen β-Zellproliferation führen zum β-Zelluntergang in der NZO-Maus, während der Erhalt von p-AKT und PDX1 sowie eine induzierte β-Zellproliferation das Überleben der ob/ob-Inseln bei Kohlenhydratgabe sichern.

DISKUSSION

Wurden jedoch diabetesresistente adipöse ob/ob-Mäuse demselben diätetischen Regime unterzogen, zeigte sich, dass die Inseln im Tier vor einer Dephosphorylierung von AKT sowie einem β-Zelluntergang geschützt waren, obwohl eine Dephosphorylierung von FoxO1 nachgewiesen wurde. Darüber hinaus induzierten glucolipotoxische Bedingungen ausschließlich in Inseln von ob/ob-Mäusen eine transiente Induktion der Zellproliferation, was zur deutlichen Vergrößerung der β-Zellmasse führte und zum Schutz vor Typ-2-Diabetes beitrug.

4.1 Kohlenhydratvermittelter Typ-2-Diabetes in der männlichen NZO-Maus

Von der Deutschen Gesellschaft für Ernährung durchgeführte systematische Analysen der Ernährungsmuster von Menschen haben ergeben, dass die Art und Menge von Makronährstoffen in der Nahrung erheblichen Einfluss auf Erkrankungen wie Typ-2-Diabetes nehmen. Insbesondere haben verdauliche Kohlenhydrate neben Fett eine pathologische Relevanz bei genetischer Prädisposition für T2D. Ein hoher Konsum kohlenhydrathaltiger Nahrungsmittel sowie zuckerhaltiger Getränke erhöht das Risiko für einen T2D (Hauner et al., 2012).

Ebenso haben frühere Arbeiten an Mausmodellen gezeigt, dass vielmehr die Nahrungszusammensetzung als der Energiegehalt eine Rolle bei der Ausbildung eines T2D bei Diabetessuszeptibilität spielt. Insbesondere leicht verdauliche Kohlenhydrate wie Glucose, Saccharose oder Stärke führten zur raschen Ausbildung eines Diabetes in Mausmodellen wie der C57BL/KsJ$^{db/db}$-Maus (db/db) (Leiter et al., 1981; Leiter et al., 1983). Jüngere Studien unserer Arbeitsgruppe an db/db und NZO-Mäusen zeigten, dass diese Tiere durch Kohlenhydratrestriktion vor einem T2D geschützt werden können (Jürgens et al., 2007; Mirhashemi et al., 2008). Diese Erkenntnis wurde in der vorliegenden Arbeit aufgegriffen, um durch kurzfristige Kohlenhydratgabe an zuvor kohlenhydratrestriktiv gefütterten NZO-Tieren einen raschen T2D auszulösen und die Auswirkungen der Hyperglykämie in Verbindung mit der bereits vorherrschenden Dyslipidämie (Glucolipotoxizität) auf die β-Zellintegrität zu untersuchen.

4.1.1 Auswirkungen der progressiven Hyperglykämie auf die Hormonsekretion der Langerhans-Inseln

Als Antwort auf die Kohlenhydratintervention reagierten die NZO-Mäuse mit einer zunächst deutlich gesteigerten Insulinsekretion. Diese genügte jedoch nicht, um eine Normalisierung der Blutglucose zu erreichen, woraufhin eine Erschöpfung der β-Zellen einsetzte und ihre sekretorische Leistung ab Tag acht sank. Die plötzlich eintretende Hyperglykämie hatte einen etwa 25-fachen Anstieg in der Sekretion des Proinsulins zur Folge, welcher ähnlich zum Insulin ein Maximum am Tag acht erreichte

DISKUSSION

und anschließend wieder abnahm. Das mit dem beginnenden T2D verschobene Verhältnis von Proinsulin und Insulin im Blutplasma der Tiere ist möglicherweise auf die hohen sekretorischen Anforderungen an die β-Zelle zu erklären. Ähnliche Ergebnisse konnten von Gadot und Kollegen (1994) mit Versuchen an der Sandratte (*Psammomy obesus*) gewonnen werden. Diabetische Tiere wiesen im Vergleich zu nicht-diabetischen eine um etwa 6-fach gesteigerte Proinsulinsekretion auf. Aufgrund der Entleerung der Insulinspeicher in diesem Modell stieg das Verhältnis zwischen Proinsulin und Insulin in den Langerhans-Inseln ebenfalls an. Jedoch wurde hier auch eine erhöhte absolute Proinsulinmenge im Pankreas bestimmt, was auf eine Steigerung der Proinsulin-syntheseleistung schließen ließ (Gadot et al., 1994). Spätere Versuche dieser Arbeitsgruppe zeigten ebenfalls, dass isolierte Inseln erhöhte Mengen Proinsulin bei einem Glucosestimulus sezernieren. Anfangs stieg die absolute Proinsulinmenge in den Inseln, was darauf hindeutete, dass die Insulinbiosynthese nicht beeinträchtigt war, sondern eine Inhibition der Insulinprozessierung vorlag (Gadot et al., 1995).

Im Unterschied dazu wurde bei NZO-Mäusen mittels Immunfärbung im Zeitverlauf der Kohlenhydratfütterung eine vergleichbare Abnahme der Proinsulinmenge wie der Insulinmenge beobachtet, was auf eine Degranulierung zurückzuführen war. Diese Ergebnisse lassen vermuten, dass die NZO-Maus, anders als *Psammomys obesus,* bei Glucose- und Fettbelastung eine beeinträchtigte Insulinneusynthese aufweisen und keine Prozessierungsstörung.

Identische Ergebnisse wurden auch mit Ratteninseln gewonnen, die im Zuge der Diabetesentwicklung eine verstärkte Sekretion des Proinsulins aufwiesen. Untersuchungen zu den Prohormonkonvertasen PC2, PC3 und Carboxypeptidase-H (CP-H) bei diesen Tieren konnten keinen Defekt in der Proinsulinprozessierung ausmachen, dass geschlussfolgert wurde, dass die hohe sekretorische Anforderung an die β-Zellen für die verstärkte Sekretion des Proinsulins verantwortlich ist. Es wird sogar vermutet, dass eine Sekretion der Prohormonkonvertasen mit dem Insulin bzw. Proinsulin erfolgt (Alarcon et al., 1995).

Spätere Untersuchungen zu den Prohormonkonvertasen an isolierten Ratteninseln haben auch gezeigt, dass bei hohen Glucosekonzentrationen, in einem anhaltenden Zustand der Insulinhypersekretion, Beeinträchtigungen in der Prozessierung von Insulin eintreten, weil insbesondere die Aktivität der PC2 nicht gesteigert wird. Interessanterweise wurde dieser Effekt ohne das Vorhandensein von Lipidtoxizität beobachtet. Auch wurde gezeigt, dass ein Zusammenhang zwischen hohen Leveln zirkulierender proinflammatorischer Zytokine wie IL-1β und einer Beeinträchtigung der PC1 und PC2-Expression besteht, was zu einer Erhöhung der Proinsulinsekretion führt (Borjesson und Carlsson, 2007).

Die im Zuge der diätetischen Intervention durchgeführte Messung der Glucagonspiegel im Plasma hatte keine Unterschiede zwischen den Fütterungsgruppen gezeigt (Abb. 7). Seit längerer Zeit ist

DISKUSSION

bekannt, dass Individuen mit einem schlecht eingestelltem T1D oder T2D eine starke Hyperglucagonemie aufweisen. Die Ursache dafür liegt in einer defekten Inhibition der Glucagonsekretion der α-Zellen des Pankreas, worauf die Glucagonspiegel im Plasma unreguliert hoch bleiben. Die dafür zu Grunde liegenden molekularen Ursachen wurden bisher nur unzureichend erforscht. Da Glucagon mit bis zu 50 % zur hepatischen Glucoseproduktion beiträgt, hat eine Hyperglucagonemie erheblichen Einfluss auf die Pathogenese des T2D (D'Alessio, 2011; Unger, 1978). Darüber hinaus wurde aber auch bei gefasteten Typ-2-Diabetikern, die unter glykämischer Kontrolle standen, eine Hyperglucagonemie festgestellt (Reaven et al., 1987). Da die 16-tägige Kohlenhydratgabe in der NZO-Maus zwar eine Hyperglykämie mit beginnendem β-Zelluntergang induzierte, jedoch die Plasmainsulinspiegel bis zum Tag 16 nicht unterhalb des Anfangswertes fielen, ist anzunehmen, dass noch vorhandenes Insulin die Glucagonsekretion unterdrücken konnte.

4.1.2 Glucolipotoxizität als Ursache des β-Zelluntergangs in der NZO-Maus

Kohlenhydratrestriktiv ernährte NZO-Mäuse waren trotz massiver Adipositas und Insulinresistenz vor einem β-Zelluntergang geschützt. Die Messung von freien Fettsäuren sowie Triglyceriden im Plasma der Tiere ergab, dass die Tiere unter einer starken Erhöhung der Blutfettkonzentrationen (Dyslipidämie) litten. Die Ursache dafür kann in einer exzessiven Akkumulation von Körperfett, insbesondere in der Abdominalregion gesehen werden. Als Folge der Insulinresistenz gelangen Fettsäuren über das Blut unter anderem ins Pankreas und können dort lipotoxisch wirken. Die Ursache für höhere Fettsäurekonzentrationen im Blut ist zum einen in einer verminderten Hemmung der Lipolyse im Fettgewebe und zum anderen in einer verminderten Aufnahmefähigkeit von Fettsäuren in Muskelzellen zu sehen (Blaak, 2003). Die in dieser Arbeit gewonnen Ergebnisse zeigen aber, dass Lipidtoxizität in der NZO-Maus nicht genügte, um ein β-Zellversagen einzuleiten. Erst eine Kohlenhydratintervention löste die Hyperglykämie aus, so dass diese zusammen mit den lipotoxischen Bedingungen zur Glucolipotoxizität führte, was den β-Zelluntergang durch Apoptose zur Folge hatte. Ähnliche Ergebnisse wurden mit der ebenfalls diabetessuszeptiblen adipösen C57BL/KsJ$^{db/db}$-Maus gewonnen. Eine dauerhafte kohlenhydratrestriktive, fettreiche Fütterung hatte auch in diesem Modell eine starke Adipositas zur Folge und schützte die Tiere vor einem T2D mit β-Zelluntergang. Umgekehrt entwickelten diese Tiere bei Kohlenhydratgabe eine Hyperglykämie, die in eine Zerstörung der β-Zellen mündete (Mirhashemi et al., 2008).

Wurden isolierte NZO-Inseln sowie MIN6-Zellen glucolipotoxischen Bedingungen ausgesetzt, so konnte in beiden Fällen eine Beeinträchtigung des Insulin/IGF-1-Rezeptor-Signalwegs mit Dephosphorylierung von AKT und FoxO1 beobachtet werden. Dieser Effekt trat jedoch nicht auf, wenn die Zellen nur mit Glucose oder nur mit Palmitat behandelt wurden. In MIN6-Zellen wurde ein

DISKUSSION

Apoptose-vermittelter β-Zelluntergang durch Bestimmung der aktiven Caspase-3 nachgewiesen. Aufgrund limitierten Probenmaterials konnte diese Analyse in Inseln nicht durchgeführt werden. Es ist aber anzunehmen, dass NZO-Inseln auf gleiche Weise zu Grunde gingen. Hinweise darauf geben die Untersuchungen von Cnop und Kollegen, die Inseln der *Zucker diabetic fatty rat* für mehrere Tage mit Palmitat und Oleat behandelten und nach 48 h nekrotische Zellen nachwiesen. Interessanterweise setzte ein β-Zelluntergang durch Apoptose bei diesen Untersuchungen erst nach 48 h ein und übertraf schließlich die Nekrose (Cnop et al., 2001).

Betrachtet man die alleinige Wirkung hoher Fettsäurespiegel auf die β-Zellfunktion, so wurden sowohl positive als auch negative Auswirkungen beobachtet. Einige ungesättigte Fettsäuren wie Oleat üben sogar eine Schutzfunktion gegen die Palmitat- und Glucoseinduzierte β-Zellapoptose aus bzw. fördern eine Glucose-stimulierte Insulinsekretion (Maedler et al., 2003). Letzterer Mechanismus wird nach derzeitigem Kenntnisstand über die gleichzeitige Aktivierung des Fettsäurerezeptors FFAR1 (GPR40) sowie durch die Aktivierung des intrazellulären Glycerolipid-Fettsäurezyklus vermittelt (Nolan und Prentki, 2008). Palmitat hingegen gilt als β-zelltoxisch, weil es die Insulinsynthese sowie die Glucose-stimulierte Insulinsekretion hemmt und β-Zellapoptose auslöst (Zhou und Grill, 1994). Die in dieser Arbeit gewonnenen Ergebnisse mit isolierten Inseln und MIN6-Zellen hatten allerdings bei niedrigen Glucosekonzentrationen keine negative Wirkung des Palmitats aufgezeigt. Eine Ursache, weshalb Fettsäuren allein nicht β-zelltoxisch wirken, könnte darin liegen, dass erst hohe Glucosekonzentrationen Einfluss auf den Lipidmetabolismus nehmen und dort Veränderungen der Genexpression beteiligter Enzyme bewirken. So kann in diesem Fall bei einem Überangebot von Fettsäuren eine Verschiebung in der Substratverfügbarkeit und verschiedenen Metabolitkonzentrationen eintreten. Dieser Mechanismus beinhaltet z.B. Veränderungen in der Expression von SREBP-1c sowie PPAR-α/γ (*peroxisome proliferator-activated receptor α/γ*) worauf vermehrt der Metabolit Malonyl-CoA gebildet wird, welcher die CPT-1 (Carnitin-Palmityltransferase-1) hemmt und dadurch eine Ansammlung toxischer langkettiger Acyl-CoA-Ester im Cytoplasma bewirkt (Prentki und Corkey, 1996; Prentki et al., 2002).

Als Schlüsselbefund des durch Glucolipotoxizität verursachten Versagens von β-Zellen der NZO-Inseln und der MIN6-Zellen wurde die Störung des Insulin/IGF-1-Rezeptor-Signalwegs durch Dephosphorylierung von AKT gezeigt (Abb. 13, 14 und 24). Unzählige Literaturbefunde unterstreichen die Bedeutung dieses Signalwegs für die Funktion und das Überleben der β-Zellen. So konnte durch die Expression einer konstitutiv aktiven Variante des AKT eine Fettsäure-induzierte Apoptose in β-Zellen verhindert werden, da pro-apoptotische Proteine wie GSK3α/β (*glycogen synthase kinase 3α/β*), FoxO1 oder p53 gehemmt wurden (Wrede et al., 2002). Mit Hilfe einer *Ins2*-Promotor-gesteuerten Überexpression der AKT in β-Zellen von B6-Mäusen war es möglich, die β-Zellüberlebensrate zu vergrößern und sogar eine β-Zellzerstörung durch Streptozotocin abzuwenden

DISKUSSION

(Tuttle et al., 2001). Auch wurde nachgewiesen, dass die Wirkung des Inkretins GLP-1 (*glucagon-like peptide 1*) auf die β-Zelle zu einer gesteigerten Phosphorylierung von AKT führte was die Überlebensrate sowie das Wachstum der Inseln förderte (Wang et al., 2004).

Die der Glucolipotoxizität zugrunde liegenden Mechanismen wurden in der Vergangenheit intensiv erforscht. So wurde gezeigt, dass Palmitat in Verbindung mit hohen Glucosekonzentrationen an Ratteninseln die β-zellspezifischen Transkriptionsfaktoren PDX1 und MafA inhibiert und damit die Insulinexpression vermindert (Hagman et al., 2005). Weitere Mechanismen betreffen die Synthese von Ceramiden in der β-Zelle, welche anti-apoptotische Proteine wie Bcl-2 inhibieren und damit zu einer Beeinträchtigung des IRS-1/2-Signalwegs führen (Solinas et al., 2006). Weiterhin wurde gezeigt, dass unter diesen Umständen UCP2 (*uncoupling protein 2*) aktiviert wird, was einen Mangel an ATP induziert und eine Zunahme von oxidativem Stress bedingt (Piro et al., 2002). Erstaunlicherweise haben Kim und Kollegen gezeigt, dass der transkriptionelle Coaktivator PGC-1α (*peroxisome proliferator-activated receptor gamma-coactivator-1α*), der in Muskelzellen eine Rolle bei der Thermogenese (Puigserver et al., 1998) sowie Insulinsensitivität (Michael et al., 2001) spielt, in β-Zellen unter glucolipotoxischen Bedingungen eine Suppression des Insulingentranskriptionsfaktors BETA2 (NeuroD) auslöst. Umgekehrt konnte durch siRNA-vermittelte Hemmung von PGC-1α eine Glucolipotoxizitäts-induzierte β-Zelldysfunktion verhindert werden (Kim et al., 2009). Von diesen Mechanismen wurde bisher nur gezeigt, dass NZO-Mäuse bei Kohlenhydratfütterung ab Tag acht einen Verlust von PDX1 und MafA in den β-Zellen aufwiesen (Kluth, 2008), was aber nicht ausschließt, dass die anderen aufgeführten Mechanismen zum β-Zelluntergang geführt haben.

Der zugrunde liegende Mechanismus, der zur Dephosphorylierung von AKT unter ausschließlich glucolipotoxischen Bedingungen in den NZO-Inseln sowie MIN6-Zellen führte, ist bisher nicht geklärt worden. Es könnten mehrere mögliche Mechanismen in Frage kommen, wie z.B. die Aktivierung von Isoformen der Proteinkinase C (PKC) wie PKCα/β1/δ/ζ über langkettige Acyl-CoAs, die bei glucolipotoxischen Bedingungen vermehrt in β-Zellen zu finden sind. Als Folge tritt eine Hemmung der IGF-1-induzierten Aktivierung von AKT ein (Wrede et al., 2003). Ein weiterer Mechanismus betrifft die Glucose- und Fettsäure-verursachte Inhibierung der IRS-2-Aktivität im Insulin/IGF-1-Rezeptor-Signalweg durch das oben erwähnte SREBP1 sowie durch ATF3 (*activating transcription factor 3*) aus dem ER. Hierbei wurde auch gezeigt, dass Glucose und Fettsäuren nur in Synergie eine Hemmung des IRS-2 bewirkten (Tanabe et al., 2011). Da wie unter Punkt 4.1.5 diskutiert, keine Erhöhung von ER-Stress in NZO-Inseln sowie MIN6-Zellen unter glucolipotoxischen Bedingungen nachgewiesen wurde, ist anzunehmen, dass dieser Signalweg eher eine geringere Rolle bei der Beeinträchtigung der AKT-Phosphorylierung spielte. Alternativ wird auch diskutiert, dass Fettsäuren in der β-Zelle verhindern, dass AKT zur Zellmembran translozieren kann, um dort durch die PDK-1 (*3-phosphoinositide dependent protein kinase*-1) am Thr^{308} phosphoryliert zu werden (Stratford et al.,

DISKUSSION

2001). In diesem Zusammenhang ist auch eine gesteigerte Aktivität der Phosphatase PTEN (*phosphatase and tensin homologue*) bei glucolipotoxischen Bedingungen denkbar, da diese die *Messenger*-Substanz PIP_3 (Phosphatidylinositol-3,4,5-triphosphat) zu PIP_2 dephosphoryliert und damit die Aktivität der PDK-1 hemmt (Wang et al., 2010).

Vergleicht man die Aktivität (Phosphorylierung) der AKT zwischen den NZO-Inseln bzw. MIN6-Zellen mit derjenigen der ob/ob-Inseln, so wird deutlich, dass weder die Kohlenhydratfütterung im Tier noch glucolipotoxische Kulturbedingungen an isolierten Inseln zu einer Dephosphorylierung der AKT geführt haben. Da NZO-Mäuse erst nach Ausbildung der Hyperglykämie eine Dephosphorylierung von AKT in den Inseln zeigten, wurde zunächst angenommen, dass die transiente leichte Hyperglykämie der ob/ob-Mäuse nach Diätumstellung nicht genügte, um eine verminderte Aktivität der AKT in den Inseln zu bewirken. Dies wurde entkräftigt nachdem isolierte ob/ob-Inseln unter glucolipotoxischen Bedingungen kultiviert wurden und ebenfalls keine Dephosphorylierung von AKT aufwiesen. Somit kann geschlussfolgert werden, dass ein Schutzmechanismus der ob/ob-Maus gegen T2D mit β-Zelluntergang die Aufrechterhaltung des Insulin/IGF-1-Rezeptor-Signalwegs mit Phosphorylierung von AKT ist. Eine Ursache für einen konstitutiv aktiven Insulin/IGF-1-Rezeptor-Signalweg ist die anhaltende Wirkung anti-apoptotischer bzw. mitogener Stimuli auf die β-Zelle. Diese Stimuli umfassen verschiedene Inkretine wie GIP und GLP-1 oder Insulin-ähnliche Wachstumsfaktoren wie IGF-1/2, die auf diese Weise eine Schutzwirkung für die β-Zelle ausüben. So wurde in Zellexperimenten gezeigt, dass GLP-1 eine fettsäureinduzierte Apoptose in INS1-Zellen verhindert (Tews et al., 2008), aber auch die Behandlung adipöser, diabetischer Mäuse mit GLP-1 führte zu einer Verbesserung der β-Zellfunktion durch erhöhte AKT-Aktivität (Lee et al., 2007). Bemerkenswert ist, dass die anti-apoptotische Wirkung des GLP-1 über einen autokrinen IGF-2/IGF-1R-Signalweg der β-Zelle vermittelt wird. Mit der Insulinsekretion bei stimulativen Glucosekonzentrationen wird neben Insulin IGF-2 sezerniert, welches wiederum die Expression des IGF-1-Rezeptors an der Zelloberfläche erhöht und dadurch die GLP-1-induzierte AKT-Phosphorylierung verstärkt (Cornu et al., 2009; Suckale und Solimena, 2010). Für einen GLP-1-vermittelten Schutz der β-Zellen der ob/ob-Maus sprechen die Untersuchungen von Kilimnik und Kollegen, die aufgrund einer höheren Aktivität der Prohormonkonvertase PC1/3 in den α-Zellen eine verstärkte Bildung des GLP-1 detektierten (Kilimnik et al., 2010). Da isolierte Inseln ebenfalls α-Zellen enthalten, könnte die lokale Bildung von GLP-1 in ob/ob-Inseln eine glucolipotoxizitätsvermittelte Dephosphorylierung des AKT verhindert haben. Welcher Mechanismus tatsächlich zur Aufrechterhaltung der AKT-Phosphorylierung in ob/ob-Inseln unter glucolipotoxischen Bedingungen beiträgt, müsste in Folgeexperimenten analysiert werden.

DISKUSSION

Zusammenfassend kann gesagt werden, dass der Verlust der AKT-Phosphorylierung in NZO-Inseln und MIN6-Zellen ein Auslöser des β-Zelltods ist, während Inseln der diabetesresistenten ob/ob-Maus vor diesem Effekt geschützt sind.

4.1.3 Zur Rolle des Transkriptionsfaktors FoxO1 im Mechanismus des β-Zellenuntergangs

Neben der AKT-Dephosphorylierung zeigten NZO-Mäuse nach Kohlenhydratgabe eine frühe Dephosphorylierung des Transkriptionsfaktors FoxO1. Ebenso bewirkte das gleichzeitige Vorhandensein hoher Glucosekonzentrationen und Palmitat eine Verminderung von p-FoxO1 in behandelten NZO-Inseln und in MIN6-Zellen. Die Phosphorylierung des Transkriptionsfaktors FoxO1 an den Resten Thr^{24} und Ser^{253} wird durch AKT vermittelt und überführt ihn in einen inaktiven Zustand im Cytoplasma der β-Zelle (Biggs et al., 1999). Deshalb kann angenommen werden, dass die verminderte Phosphorylierung von FoxO1 das Resultat der AKT-Dephosphorylierung ist. Wie weiter oben beschrieben, ist die konstitutive Inaktivität von FoxO1 eine Folge der Bindung von Wachstumsfaktoren und Inkretinen an die IGF- und Insulinrezeptoren sowie Inkretinrezeptoren der β-Zelle (Holz und Chepurny, 2005). Auch Insulin wirkt in einem autokrinen/parakrinen Mechanismus als Stimulator der FoxO1-Inaktivierung (Martinez et al., 2006).

Aufgrund der Ergebnisse dieser Arbeit ist es denkbar, dass FoxO1 eine Rolle bei der β-Zellapoptose in der NZO-Maus bzw. in MIN6-Zellen spielt. Beschrieben ist, dass die Dephosphorylierung von FoxO1 zu einer Translokation in den Zellkern führt, wodurch der Transkriptionsfaktor FoxA2 von seiner Bindungsstelle am PDX1-Promotor verdrängt wird. Die Folge ist zunächst eine Reprimierung der PDX1-Expression und schließlich der Verlust der β-Zellfunktion (Kitamura et al., 2002). Passend zu diesem Mechanismus konnte neben der Dephosphorylierung von FoxO1 eine Verminderung der PDX1-Expression in isolierten NZO-Inseln unter glucolipotoxischen Einflüssen beobachtet werden.

Wie in den hier gewonnenen Ergebnissen mit behandelten NZO-Inseln wurde in Zellmodellen bereits mehrfach gezeigt, dass unter Stressbedingungen eine Dephosphorylierung von AKT und FoxO1 eintritt und FoxO1 in den Nukleus transloziert, um dort pro-apoptotische Gene zu aktivieren. Wrede und Kollegen haben gezeigt, dass die Behandlung von INS-1-Zellen mit Fettsäuren zu einer Dephosphorylierung des FoxO1 führte und die Zellen dadurch apoptotisch wurden (Wrede et al., 2002). Ebenso wurde gezeigt, dass die Erzeugung von oxidativem Stress mittels H_2O_2 an HIT-T15-Zellen zu einer Dephosphorylierung und Translokation von FoxO1 in den Nukleus führte (Kawamori et al., 2006). Die Rolle des aktiven, kernständigen FoxO1 als Auslöser von β-Untergang wird durch Experimente unterstrichen, in denen FoxO1 in Zellmodellen künstlich gehemmt und dadurch die Apoptoserate vermindert wurde. So waren durch die Expression einer dominant-negativen Form des

DISKUSSION

FoxO1 MIN6-Zellen vor einer Fettsäure-induzierten Apoptose geschützt (Martinez et al., 2008). Ebenso führte die siRNA-vermittelte Inaktivierung von FoxO1 zu einer Erhöhung der Überlebensrate von RINm5F-Zellen nach Behandlung mit dem Glucocorticoid Dexamethason (Zhang et al., 2009). Im Unterschied zu den Versuchen von Martinez et al. (2008) und Wrede et al. (2002) konnte in den hier durchgeführten Experimenten mit MIN6-Zellen eine Dephosphorylierung von FoxO1 sowie eine Apoptose ausschließlich durch den gleichzeitigen Einfluss von Palmitat und hohen Glucosekonzentrationen erwirkt werden. Selbst die Erhöhung der Palmitatkonzentration auf 0,5 mM in Abwesenheit von Glucose hatte keine Dephosphorylierung des AKT bzw. FoxO1 zur Folge (**Abb. 26**). Die immuncytochemische Färbung von FoxO1 in den MIN6-Zellen konnte allerdings bestätigen, dass erst durch Glucose und Palmitat eine Translokation in den Zellkern stattfindet (**Abb. 25**). Die aus den *in-vitro*-Versuchen gewonnen Erkenntnisse mit isolierten NZO-Inseln bzw. MIN6-Zellen deuten auf eine entscheidende Rolle von FoxO1 im Glucolipotoxizität-induzierten β-Zelluntergang hin; sie geben jedoch keinen direkten Nachweis über einen Mechanismus des auf diese Weise vermittelten β-Zellungtergangs. Aus Experimenten mit MIN6-Zellen ist zumindest bekannt, dass FoxO1 bei niedrigen Serum- sowie Glucosekonzentrationen im Zellkern den transkriptionellen Repressor Bcl-6 aktiviert und damit die Expression von Zellzyklusgenen wie Cyclin D2 hemmt, worauf eine Proliferation der Zellen gehemmt wird (Glauser und Schlegel, 2009). Ein ähnliches Szenario könnte unter glucolipotoxischem Stress eine Inhibierung der MIN6-Zellproliferation bewirkt haben. Mit Hilfe von Promotor-Luciferase-Assays konnte weiterhin ein Zusammenhang zwischen erhöhter FoxO1-Aktivität und der Aktivierung des pro-apoptotischen Proteins CHOP hergestellt werden. Ebenfalls serum- und glucosearm kultivierte MIN6-Zellen sowie Inseln wiesen in diesem Versuch eine FoxO1-vermittelte gesteigerte Apoptoserate auf (Martinez et al., 2006).

Trotz eines offensichtlichen Zusammenhangs zwischen der Beeinträchtigung des Insulin/IGF-1-AKT-Signalwegs mit Dephosphorylierung und Aktivierung von FoxO1 und der Verminderung von PDX1 in NZO-Inseln, lassen die in ob/ob-Mäusen erhobenen Ergebnisse Zweifel an einer direkten Verbindung der AKT/FoxO1/PDX1-Kaskade aufkommen. In ob/ob-Mäusen löste die Kohlenhydratfütterung zwar keine Dephosphorylierung von AKT aus, führte aber wie bei den NZO-Tieren zu einem frühen kompletten Verlust des phospho-FoxO1 (**Abb. 18**). Trotz Dephosphorylierung von FoxO1, was eine Translokation in den Zellkern und eine Kompetition mit FoxA2 erahnen lässt, war kein Verlust von PDX1 zu beobachten. Dahingegen zeigten isolierte ob/ob-Inseln unter dem Einfluss hoher Glucose- und Palmitatkonzentrationen weder einen Verlust von p-AKT noch von p-FoxO1 und PDX1. Weiterhin konnte in MIN6-Zellen nach Behandlung mit Glucose und Palmitat trotz Dephosphorylierung von AKT und FoxO1 kein Verlust des PDX1 beobachtet werden. Da ob/ob-Inseln zu keinem Zeitpunkt im Tier apoptotisch wurden, bekräftigt dies die Annahme, dass aktives nukleäres FoxO1 hier eher eine Schutzfunktion für β-Zellen ausübt. Hinweise dafür geben die Untersuchungen von Kitamura und

DISKUSSION

Kollegen, die am Modell der βTC-3-Zelle zeigten, dass bei oxidativem Stress FoxO1 im Zellkern einen Komplex mit Pml (*promyelocytic leukemia protein*) und der Deacetylase Sirt1 bildet und so die Expression der beiden Insulingentranskriptionsfaktoren MafA und NeuroD (Beta2) erhöht, womit scheinbar das Überleben der β-Zelle gesichert ist (Kitamura et al., 2005). In Versuchen mit INS 832/13-Zellen und Ratteninseln konnten Hughes und Kollegen durch Behandlung mit Stickoxid-Donoren nachweisen, dass FoxO1 in den Zellkern transloziert und dort nach Deacetylierung mittels Sirt1 DNA-Reparaturgene wie GADD45α aktiviert und somit zur Stressabwehr beiträgt. Dieser Mechanismus beschreibt die Regulation des β-Zellschicksals bei oxidativem Stress in Abhängigkeit von der Acetylierung des FoxO1 im Zellkern. Das über die Histon-Acyltransferase p300/CBP acetylierte FoxO1 aktiviert zum Beispiel die Expression pro-apoptotischer Proteine wie PUMA (*p53 upregulated modulator of apoptosis*), während mittels Sirt1 deacetyliertes FoxO1 DNA-Reparaturmechanismen via GADD45α einleitet (Hughes et al., 2011).

Die Diskrepanz zwischen den Auswirkungen der FoxO1-Dephosphorylierung in NZO und ob/ob-Mäusen verdeutlicht die komplexe Rolle und Regulation des Transkriptionsfaktors. Es kann angenommen werden, dass FoxO1 in ob/ob-Mäusen eine Schutzfunktion einnimmt, während es in NZO-Mäusen eine Induktion der Apoptose bewirkt. Ein Vergleich der Acetylierung des nukleären FoxO1 zwischen NZO und ob/ob-Inseln nach Kohlenhydratfütterung könnte möglicherweise Aufschluss darüber geben, ob die von Hughes gefundene Regulation des FoxO1 hier eine Rolle für das β-Zellüberleben spielt. Da isolierte ob/ob-Inseln bei Behandlung mit Glucose und Palmitat keine Dephosphorylierung von FoxO1 zeigten, kann vermutet werden, dass bisher nicht identifizierte Faktoren aus dem Plasma und peripheren Geweben zum Verlust der FoxO1-Phosphorylierung in der Maus führten.

Schlussfolgernd kann die Dephosphorylierung von FoxO1 nicht als alleiniger Mechanismus des durch Glucolipotoxizität ausgelösten β-Zelluntergangs angesehen werden. Außerdem bestimmen die genetischen Unterschiede zwischen NZO- und ob/ob-Maus die Funktion des FoxO1 im Zellkern und entscheiden über das Schicksal der β-Zellen bei Kohlenhydratgabe.

4.1.4 Zusammenhänge zwischen der Regulation β-zellspezifischer Transkriptionsfaktoren und der β-Zellfunktion

Die Insulinexpression wird maßgeblich durch die Bindung dreier Transkriptionsfaktoren an Cis-Elemente im Promotorbereich der Insulingene *Ins1* und *Ins2* gesteuert. PDX1 bindet an A-Elemente, MafA bindet am Element C1 und BETA2 als Heterodimer mit E2A am Element E1 (Abb. 40) (Aronheim et al., 1991; Melloul et al., 1993; Olbrot et al., 2002). Die durch Glucolipotoxizität verursachte Verschlechterung der β-Zellfunktion wurde zum Teil auf eine beeinträchtigte Insulinexpression

DISKUSSION

aufgrund einer fehlerhaften Aktivierung durch PDX1 und MafA zurückgeführt (Poitout et al., 2006). Insbesondere spielt PDX1 neben der Steuerung der Insulinexpression auch eine Rolle bei der β-Zellreifung bzw. Anpassung der β-Zellmasse bei Insulinresistenz. PDX1 ist demnach unverzichtbar für das Überleben der β-Zelle (Sachdeva et al., 2009).

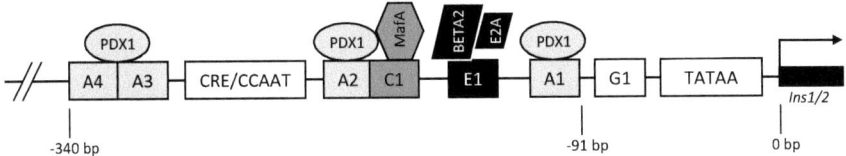

Abb. 40: Aufbau des Insulinpromotors. Gezeigt ist eine schematische Darstellung der proximalen Region des *Ins1/2*-Gens in der Maus. Die Glucose-stimulierte Insulinexpression wird durch die Bindung der Transkriptionsfaktoren PDX1, MafA und BETA2-E2A an verschiedene Cis-Elemente initiiert.

In der vorliegenden Arbeit wurde gezeigt, dass nach 16-tägiger Kohlenhydratfütterung von NZO-Mäusen ein Verlust des PDX1 in den β-Zellen stattfand. Dieses Ereignis war begleitet von einem beginnenden β-Zelluntergang durch Apoptose, so dass ein Zusammenhang zwischen dem Verlust von PDX1 und der Apoptose der Zellen wahrscheinlich ist. Ein ähnlicher Effekt wurde auch von Harmon und Kollegen beschrieben, die in Inseln der diabetessuszeptiblen ZDF-Ratte im Verlauf der Diabetesentwicklung einen Verlust der PDX1-Expression beobachteten (Harmon et al., 1999). Die Konsequenz eines Verlusts von PDX1 in β-Zellen wird deutlicher, wenn man den Phänotyp der heterozygoten PDX1-KO-Maus (*Pdx1$^{+/-}$*) betrachtet. Ein 50 % iger Verlust der PDX1-Expression bewirkt bereits eine abweichende Inselarchitektur, eine höhere Apoptoserate, defekte Insulinsekretion sowie einen manifesten Diabetes (Johnson et al., 2003). Bei komplettem Verlust des PDX1 sterben die *Knockout*-Tiere innerhalb weniger Tage nach der Geburt aufgrund einer vollständigen Pankreas-Agenesie (Jonsson et al., 1994). Diese Daten unterstreichen die Wichtigkeit dieses Transkriptionsfaktors für das Überleben der β-Zellen und die Funktion des Pankreas. Da die gleichzeitige Einwirkung von Glucose und Palmitat auf NZO-Inseln neben dem Rückgang von p-AKT ebenfalls einen Verlust des PDX1 nach sich zog, ist anzunehmen, dass diese Mechanismen hauptverantwortlich für den glucolipotoxizitäts-induzierten β-Zelluntergang sind. Es sind mehrere Mechanismen beschrieben, die bei Verlust von PDX1 zum β-Zelluntergang führen. Zum einen wird angegeben, dass kritische Funktionen des ER beeinträchtigt werden, worauf ER-Stress die β-Zellfunktion beeinträchtigt (Sachdeva et al., 2009). Zum anderen wurde gezeigt, dass der Verlust von PDX1 mit einer Verminderung der anti-apoptotisch wirkenden Proteine Bcl$_{XL}$ und Bcl-2 aus der Familie der Bcl-2-Proteine einhergeht, worauf eine Apoptose aktiviert wird (Johnson et al., 2003). Kürzlich wurde beschrieben, dass reduziertes PDX1 die Expression des pro-apoptotischen Proteins Nix (*NIP3-like protein X*) forciert und damit den programmierten Zelltod aber auch Nekrose induziert

DISKUSSION

(Fujimoto et al., 2010). Für die NZO-Maus kann allerdings eine ER-Stress-induzierte Apoptose nach dem Verlust von PDX1 ausgeschlossen werden, da sie keine Veränderungen von p-eIF2α aufwiesen (Abb. 29A), das zum Nachweis einer Aktivierung von ER-Stress dient (Matsuda et al., 2008). Nähere Ausführungen dazu sind dem Kapitel 4.1.5 zu entnehmen. Die Wichtigkeit von PDX1 für das Überleben der β-Zelle wird ferner dadurch unterstrichen, dass in der diabetesresistenten ob/ob-Maus zu keinem Zeitpunkt der Kohlenhydratfütterung ein Verlust von PDX1 auftrat. Auch isolierte ob/ob-Inseln zeigten unter glucolipotoxischen Kulturbedingungen, zumindest in dem Zeitraum von zwei Tagen, keinen Verlust von kernständigem PDX1.

Abweichend zu der Hypothese, dass der Verlust von PDX1 den Tod von β-Zellen bedeutet, zeigten MIN6-Zellen trotz Dephosphorylierung von AKT und FoxO1 und gesteigerter Caspase-3-Aktivität auch keine Reduktion von PDX1 in den Kernlysaten (Abb. 27A). Dieses Ergebnis zeigt, dass sich MIN6-Zellen hinsichtlich ihrer Reaktion auf glucolipotoxische Bedingungen von isolierten NZO Inseln unterscheiden. Ursprünglich wurde diese Zelllinie aus Insulinomen von transgenen B6-Mäusen etabliert, die unter Kontrolle des Insulinpromotors ein Simian-Virus 40 T-Antigen exprimieren (Miyazaki et al., 1990). Möglicherweise besteht ein Zusammenhang zwischen dem Erhalt von kernständigem PDX1-Protein in ob/ob-Inseln und MIN6-Zellen aufgrund des gleichen genetischen Hintergrunds.

Neuere Untersuchungen zu PDX1 haben aufgedeckt, dass seine Aktivität und Lokalisation innerhalb des Nukleus durch Phosphorylierungen gesteuert wird. Insbesondere die mit PDX1 kolokalisierende Kinase HIPK2 (*homeodomain interacting protein kinase 2*) steuert durch Phosphorylierung am Ser^{269} die Aktivität sowie nukleoplasmatische Lokalisation. Die Phosphorylierung soll dabei keinen Einfluss auf die Stabilität sondern nur auf die Aktivität von PDX1 haben (An et al., 2010). Möglicherweise war die Behandlungsdauer der MIN6-Zellen zu kurz, dass lediglich eine Hemmung der Aktivität von PDX1 eintrat und eine Degradation erst bei längerer Inkubationsdauer zu erwarten wäre. Die Apoptose der MIN6-Zellen nach zwei Tagen kann wahrscheinlich nur auf die Beeinträchtigung des Insulin/IGF-1-Rezeptor-Signalwegs zurückgeführt werden.

Bereits in meiner Diplomarbeit wurde immunhistochemisch nachgewiesen, dass die Kohlenhydratfütterung ab Tag acht neben PDX1 einen Verlust des Transkriptionsfaktors MafA bewirkte (Kluth, 2008). Ähnliche Ergebnisse wurden auch bei der diabetessuszeptiblen C57BL/KsJ$^{db/db}$-Maus erhalten, die bei einer diätinduzierten Hyperglykämie eine verminderte MafA- und Insulinexpression aufwies (Matsuoka et al., 2010). Im Vergleich zu PDX1 spielt MafA nur eine Rolle bei der Aktivierung der Insulinexpression und nicht bei der Reifung und Stabilität von β-Zellen. Die Deletion von MafA in der Maus zeigte, dass dies zu keiner Beeinflussung der Anzahl funktioneller Inseln führte. Jedoch litten die Tiere aufgrund einer verminderten Insulinexpression und -sekretion

DISKUSSION

an einer Glucoseintoleranz (Zhang et al., 2005). Daraus kann geschlussfolgert werden, dass der Verlust von MafA nicht für den β-Zelluntergang der NZO-Maus verantwortlich sein kann.

Bei Einwirkung steigender Glucosekonzentrationen auf MIN6-Zellen wurde in der vorliegenden Arbeit eine Zunahme der MafA-Expression in MIN6-Zellen beobachtet (Abb. 28), was auf eine Anpassung der Insulinsynthese schließen lässt. In Abweichung dazu stehen die Ergebnisse mit Zellmodellen wie der HIT-T15- oder der βTC6-Zelle, die bei hohen Glucosekonzentrationen eine verminderte Insulinsynthese aufgrund eines Verlusts von MafA zeigten (Poitout et al., 1996; Sharma et al., 1995). Diese beeinträchtigte MafA-Expression konnte in MIN6-Zellen erst nach Zusatz von Palmitat erreicht werden und unterstreicht die Ergebnisse aus den NZO-Mäusen. Zusammenfassend ist der Verlust von MafA in den NZO-Mäusen und den MIN6-Zellen nicht die Ursache des β-Zellzelluntergangs sondern vielmehr das Resultat der glucolipotoxischen Bedingungen.

Als ein weiterer β-zellspezifischer Transkriptionsfaktor wurde Nkx6.1 in Inseln von NZO- und ob/ob-Mäusen und in MIN6-Zellen untersucht. Nkx6.1 ist neben PDX1 ein weiterer Transkriptionsfaktor der Homeodomainfamilie und beteiligt sich an der β-Zellreifung sowie an der Aufrechterhaltung der Funktion. Ferner wird Nkx6.1 eine Rolle bei der Glucose-stimulierten Insulinsekretion zugesprochen (Schisler et al., 2005). Untersuchungen an Mäusen haben außerdem gezeigt, dass die adenovirale Überexpression von Nkx6.1 in Ratteninseln zu einer drastisch erhöhten Proliferation führt, während bei Hemmung von Nkx6.1 ein Verlust der β-Zellproliferation eintritt (Schisler et al., 2008). Die Analyse der Nkx6.1-Genstruktur sowie seiner Promotorregion ergab, dass PDX1 und Nkx2.2 an der Regulation der Nkx6.1 Transkription beteiligt sind. Ein Verlust von PDX1 in pankreatischen β-Zellen war dabei mit einer verminderten Expression von Nkx6.1 verbunden (Watada et al., 2000). Tatsächlich führte die Kohlenhydratfütterung der NZO-Maus ebenso wie die Behandlung von NZO-Inseln mit Glucose plus Palmitat zu einer gleichzeitigen Verminderung von PDX1 und Nkx6.1. Eine Regulation der Nkx6.1-Expression durch PDX1 wird auch dadurch unterstützt, dass MIN6-Zellen weder einen Verlust von PDX1 noch von Nkx6.1 aufwiesen.

Die gleichzeitige Verminderung von Nkx6.1 und PDX1 führt in der NZO-Maus zu einem Verlust von wichtigen Zellfunktionen und trägt zum β-Zellverlust bei.

4.1.5 Der Einfluss von Stress-Signalwegen in der β-Zelle

Dem ER-Stress wird eine entscheidende Rolle beim Untergang von β-Zellen bei T2D beigemessen (Araki et al., 2003). Als Auslöser für ER-Stress und damit verbundenen β-Zellfehlfunktionen werden unter anderem gesättigte Fettsäuren wie Palmitat diskutiert (Lai et al., 2008). Insbesondere die Kombination von Palmitat mit hohen Glucosekonzentrationen, wie sie in dieser Arbeit verwendet wurde, soll die Entstehung von ER-Stress beschleunigen (Bachar et al., 2009). Um zu untersuchen, ob

DISKUSSION

eine Aktivierung von ER-Stress beim Untergang von NZO-Inseln unter glucolipotoxischen Bedingungen eine Rolle spielt, wurde die Phosphorylierung eines Schlüsselproteins der UPR (*unfolded protein response*), dem eIF2α, untersucht. Erhöhte Spiegel von phospho-eIF2α gelten als Marker für ER-Stress und wurden bereits in mehreren unabhängigen Untersuchungen beschrieben. In diesen Versuchen wurde gezeigt, dass Inseln sowie MIN6-Zellen bei Diabetes bzw. glucolipotoxischen Bedingungen eine erhöhte Phosphorylierung des eIF2α aufweisen und unter ER-Stress litten (Laybutt et al., 2007; Matsuda et al., 2008; Tanabe et al., 2011). Eine Phosphorylierung des eIF2α ist zwar ein Marker für ER-Stress, bedeutet aber nicht zwingend, dass dieser zur Apoptose führt. Erst bei Versagen der UPR, die eine normale Funktion des ER wiederherstellt, kommt es zur Aktivierung von Signalwegen, die eine Apoptose einleiten (negativer ER-Stress) (El-Assaad et al., 2003; Oslowski und Urano, 2010). In derartigen Signalwegen wird das pro-apoptotische Protein CHOP über p-eIF2α und ATF4 (*activating transcription factor 4*) aktiviert. Außerdem kann der MAP-Kinase-Weg mit JNK über die IRE1 (*inositol requiring 1*)-Kinase via TRAF2 (*TNF receptor-associated factor 2*) und ASK1 (*apoptosis signal-regulating kinase 1*) aktiviert werden (Urano et al., 2000).

Im Unterschied zu vielen Literaturbefunden bewirkten die in dieser Arbeit durchgeführten Behandlungen von NZO-Inseln und MIN6-Zellen keine Veränderung in der Phosphorylierung des eIF2α. Grundsätzlich konnte aber p-eIF2α nachgewiesen werden, was wiederum bedeutet, dass eine p-eIF2α-vermittelte Verlangsamung der Proteintranslation notwendig war, um eine Überladung des ER mit zu hohen Mengen ungefalteter Proteine zu verhindern (Scheuner et al., 2001). Dieser als tolerabler ER-Stress bezeichnete Prozess dient dazu, durch Regelung der eIF2α-Phosphorylierung eine Anpassung des ER an wechselnde Proteinbeladungen zu gewährleisten und die in Abhängigkeit der Glucosekonzentration benötigte Insulinmenge auf der Ebene der Translation zu regulieren (Scheuner et al., 2001; Vander Mierde et al., 2007). Da an dieser Stelle nur gezeigt wurde, dass eine *in-vitro*-Behandlung von NZO-Inseln bzw. MIN6-Zellen zu keinen Veränderungen in der eIF2α-Phosphorylierung führte, ist nicht auszuschließen, ob unter *in-vivo*-Bedingungen eine andere Regulation der eIF2α-Aktivität vorliegt.

Nach den Beschreibungen von Urano und Kollegen besteht ein Zusammenhang zwischen der eIF2α – Aktivität und der Aktivierung der MAP-Kinase JNK (Urano et al., 2000). Zusätzlich kann eine Aktivierung der JNK durch diverse Stressoren (z.B. ROS) über den MAPK-Signalweg erfolgen. Die dabei ausgelöste β-Zelldysfunktion und -apoptose resultiert aus einer JNK-vermittelten Aktivierung von c-Jun und einer Hemmung von MafA und PDX1 (Kaneto et al., 2007). In Bezug auf das Fehlen von ER-Stress war keine Aktivierung der JNK-zu erwarten. In der Tat wiesen MIN6-Zellen und Inseln bei glucolipotoxischen Bedingungen keine erhöhte JNK-Aktivtität auf. Damit kann eine Aktivierung des MAPK-Signalwegs durch weitere Stresssignale ebenfalls ausgeschlossen werden. Aufgrund dessen stehen diese Daten in Widerspruch zu denen anderer Arbeitsgruppen, die in Zellmodellen und

DISKUSSION

Mäusen unter glucolipotoxischen Bedingungen eine Aktivierung der JNK beschrieben. (Bachar et al., 2009; Kaneto et al., 2002; Özcan et al., 2004).

Neben einer JNK-vermittelten Aktivierung des Transkriptionsfaktors c-Jun (Devary et al., 1991; Nose et al., 1991), wurde auch eine erhöhte Expression in Inseln bei diabetischen db/db-Mäusen bestimmt (Matsuoka et al., 2010). Dieser Befund konnte in der vorliegenden Arbeit in MIN6-Zellen bestätigt werden. Ausschließlich die Kombination von Glucose und Palmitat löste eine gesteigerte Expression von c-Jun und damit eine Hemmung der MafA-Expression aus (Abb. 31). Folglich wurde eine gesteigerte Insulinexpression inhibiert, womit sich diese Daten mit früheren Untersuchungen decken (Henderson und Stein, 1994). Eine Erklärung für eine unabhängig von JNK gesteigerte c-Jun-Expression könnte die Bildung von AGEs (*advanced glycation endproducts*) sein (Hattori et al., 2002; Lin et al., 2006).

Zusammenfassend hat die Untersuchung von Komponenten aus Zellstresssignalwegen ergeben, dass weder ER-Stress noch eine Aktivierung des MAP-Kinase-Signalwegs zur Apoptose der β-Zellen beitrug. Unabhängig davon könnte die Expression von c-Jun in MIN6-Zellen zur Beeinträchtigung der Insulinexpression geführt haben.

4.2 Die Rolle der Insulinexpression und -Sekretion in der Diabetesentstehung

4.2.1 Die Insulinexpression unter dem Einfluss glucolipotoxischer Bedingungen

Typ-2-Diabetes ist gekennzeichnet durch einen relativen Mangel an Insulin, der auf einen sekretorischen Defekt sowie auf eine beeinträchtigte Insulinbildung zurückgeführt werden kann (Kahn, 1998). Eine Inhibition der Insulinexpression bei T2D ist ein Merkmal einer β-Zelldysfunktion und geht auf eine verminderte Bindungsaktivität der Transkriptionsfaktoren PDX1 sowie MafA zurück (siehe Abb. 40). Dieser Mechanismus ist seit längerer Zeit bekannt und lässt sich wiederum auf Glucotoxizität, Lipidtoxizität oder eine Kombination aus beidem zurückführen (Poitout et al., 2006). In der vorliegenden Arbeit wurde mit Hilfe von isolierten NZO- bzw. ob/ob-Inseln gezeigt, dass Glucose allein eine Steigerung der PDX1- und Insulinexpression auslöste, dieser Effekt jedoch bei gleichzeitiger Inkubation mit Palmitat unterblieb. Diese Daten zeigen, dass die Inseln beider Modelle trotz unterschiedlicher Widerstandsfähigkeit gegen Glucolipotoxizität gleichermaßen empfindlich auf eine Hemmung der Insulinexpression reagieren. Unklar ist jedoch, warum mit Glucose und Palmitat behandelte NZO-Inseln einen Verlust von PDX1-Protein aufwiesen, während die PDX1-mRNA-Level nicht unterhalb des Basalniveaus fielen. Eine Erklärung dafür könnte die geringere Stabilität des PDX1-Proteins unter glucolipotoxischen Bedingungen sein. Es wäre denkbar, dass durch die

DISKUSSION

Hemmung der AKT-Kinase eine GSK3-mediierte Phosphorylierung von PDX1 an zwei Serinresten zu einer schnelleren Degradation führt (Humphrey et al., 2010).

Übereinstimmend zu den Daten mit NZO- und ob/ob-Inseln haben Ritz-Laser und Kollegen gezeigt, dass Ratteninseln bei hohen Glucosekonzentrationen eine verstärkte Insulinexpression besaßen, diese aber bei Palmitatzugabe supprimiert wurde. Dazu wurde beschrieben, dass die Suppression der Insulinexpression durch Palmitat auf eine Beeinflussung der Transkription sowie Präproinsulin-mRNA-Stabilität zurückzuführen ist (Ritz-Laser et al., 1999).

Die Bestimmung der Insulinexpression in NZO- und ob/ob-Inseln nach zwei- und viertägiger Kohlenhydratfütterung (*in vivo*) konnte keine signifikanten Unterschiede zu den kohlenhydratfrei ernährten Tieren aufzeigen (Abb. 32). Da innerhalb der ersten vier Tage beide Modelle eine Hyperglykämie aufwiesen, ist das Ausbleiben einer Kohlenhydrat-induzierten Steigerung der Insulinexpression möglicherweise auf die Glucolipotoxizität zurückzuführen. Da die Insulinexpression nicht mit der PDX1-Expression in den Tieren korreliert, könnte man vielleicht annehmen, dass die PDX1-Aktivität durch nachträgliche Phosphorylierung über die Proteinkinase CK2 gesteuert wird (Meng et al., 2010). Die Bestimmung der Insulinexpression in der NZO-Maus macht aber auch deutlich, dass der nach wenigen Tagen Kohlenhydratfütterung auftretende Mangel an Insulin in den Inseln nicht nur auf eine starke Nachfrage, sondern auch auf die Unfähigkeit eine gesteigerte Insulinexpression auszulösen, zurückgeführt werden kann, womit dieser Mechanismus ferner zur Verschlimmerung des Diabetes in der NZO-Maus beiträgt.

Im Vergleich zur NZO-Maus besitzen ob/ob-Mäuse bereits zu Beginn der diätetischen Intervention eine viel größere Inselmasse (Mirhashemi, 2012), womit dem Tier insgesamt eine größere Menge Insulin bereit steht, um eine anhaltende Hyperglykämie zu verhindern. Die zunächst nach Kohlenhydratkonfrontation unangepasste Insulinexpression der ob/ob-Mäuse hat somit möglicherweise keinen negativen Einfluss auf die Glucosehomöostase. Eine Bestimmung der Insulinexpression in ob/ob-Inseln zu späteren Zeitpunkten könnte eventuell zeigen, ob hier eine Steigerung eintritt.

Die Tatsache, dass Palmitat eine Glucose-stimulierte Steigerung der Insulinexpression supprimiert (Glucolipotoxizität), konnte größtenteils auch am Modell der MIN6-Zelle bestätigt werden, wobei die Einflüsse hier nicht so stark ausgeprägt waren. Ähnlich zu den *in-vivo*-Bedingungen in NZO- und ob/ob-Mäusen korrelierte die PDX1-Expression nur zum Teil mit der Insulinexpression in MIN6-Zellen. Dieser Effekt lässt sich vielleicht damit erklären, dass Kajimoto und Kollegen gezeigt haben, dass die Unterdrückung der PDX1-Translation mittels *Antisense*-Oligonukleotide in MIN6 keinen Einfluss auf die Insulinexpression hatte (Kajimoto et al., 1997). Erst kürzlich wurde auch an MIN6-Zellen gezeigt, dass eine direkte Regulation der Insulinexpression über FoxO1 erfolgt. Dephosphoryliertes FoxO1 transloziert in den Zellkern und unterdrückt dort das *Ins2*-Gen, aber nicht

DISKUSSION

das *Ins1*-Gen (Meur et al., 2011). Im Vergleich zu β-Zellen aus Inseln wird in MIN6-Zellen das *Ins2*-Gen wesentlich stärker exprimiert als das *Ins1*-Gen, womit die Wahrscheinlichkeit einer FoxO1-gesteuerten Beeinträchtigung der Insulinexpression bei Glucolipotoxizität höher ist. Neben FoxO1 wird vielmehr angenommen, dass die Aktivität von MafA in MIN6-Zellen einen entscheidenden Einfluss auf die Insulinexpression hat (Kondo et al., 2009). Das Ausbleiben einer Glucose-induzierten höheren Insulinexpression in Anwesenheit von Palmitat könnte auch auf den Verlust von MafA zurückgeführt werden.

4.2.2 Die Insulinsekretion von ob/ob und NZO-Inseln

Sowohl NZO- als auch ob/ob-Tiere zeigten zu Beginn der diätetischen Intervention mit Kohlenhydraten keine nennenswerte Steigerung der Insulinexpression aber hohe Plasmainsulinspiegel (Kluth et al., 2011; Mirhashemi, 2012). Die rasche Degranulierung der β-Zellen bei NZO-Mäusen zeigte außerdem, dass eine schnelle Insulinfreisetzung stattfand (Abb. 6A). Ältere Untersuchungen mit der NZO-Maus geben allerdings an, dass die Tiere eine beeinträchtigte Glucose-stimulierte Insulinsekretion aufweisen (Cameron et al., 1974), was im Widerspruch zu den eigenen Untersuchungen steht. Möglicherweise sind die Unterschiede in einem abweichenden experimentellen Vorgehen begründet, denn Cameron und Kollegen hatten die Insulinfreisetzung bei Standarddiät-gefütterten NZO-Tieren im Alter von 16 – 32 Wochen nach Fasten und unter Verabreichung von Glucose (1 g/kg$_{BW}$) gemessen (Cameron et al., 1974). Der Vergleich der Glucose-stimulierten Insulinsekretion von isolierten ob/ob- und NZO-Inseln zeigte auch, dass bei 16,7 mM Glucose die gleiche Menge Insulin freigesetzt wurde bzw. bei KCl sogar eine stärke Sekretion von NZO-Inseln ausging. Damit stehen diese Daten im Widerspruch zu älteren *in-vitro*-Untersuchungen, die eine mangelhafte Insulinsekretion bei NZO-Inseln detektierten (Larkins, 1973). Eine beeinträchtigte Glucose-stimulierte Insulinsekretion bei einer Dyslipidämie (Insulinresistenz) ist allgemein bekannt (Sako und Grill, 1990; Zhou und Grill, 1994). Jedoch konnten von Chen und Reaven (1999) auch gegensätzliche Ergebnisse erzielt werden. Isolierte Inseln von diätinduzierten insulinresistenten Ratten weisen im Vergleich zu schlanken Tieren eine verbesserte Glucose-stimulierte Insulinsekretion auf (Chen und Reaven, 1999).

Vergleicht man die Insulinsekretion von NZO- und ob/ob-Inseln unter basalen Bedingungen (2,8 mM Glucose), so wird deutlich, dass NZO-Inseln bereits eine deutlich erhöhte Sekretion aufweisen (Abb. 35). Aufgrund dessen ist die Glucoseresponsivität der ob/ob-Inseln bei 16,7 mM Glucose besser. Die Bestimmung der Glucose-stimulierten Insulinsekretion an isolierten Inseln konnte letztlich zeigen, dass zwischen den beiden Mausmodellen zwar ein Unterschied in der Glucoseresponsivität vorherrscht, aber gleiche Mengen Insulin bei stimulatorischen Glucosekonzentrationen sezerniert

DISKUSSION

werden. Damit kann geschlussfolgert werden, dass kein sekretorischer Defekt der Inseln zur Ausbildung der Hyperglykämie in der NZO-Maus beitrug.

4.3 Genetische Diversität zwischen NZO und ob/ob-Maus

4.3.1 Vergleichende Untersuchungen mittels *Microarray*-basierter Transkriptomanalyse

Die Anwendung eines Fütterungsregimes mit mehrwöchiger Kohlenhydratrestriktion und anschließender 32-tägiger Kohlenhydratgabe löste in der NZO-Maus einen T2D mit β-Untergang aus, während ob/ob-Mäuse davor geschützt blieben. Die nähere Betrachtung molekularer Veränderungen in Langerhans-Inseln unter glucolipotoxischen Bedingungen konnte Mechanismen aufzeigen, die zum Schutz bzw. zum Verlust der β-Zellfunktion in den untersuchten Mausmodellen führten. Die Ursache für diese verschiedenen Phänotypen ist genetisch determiniert. C57BL/6, der Hintergrundstamm der ob/ob-Maus besitzt keine diabetogenen sowie adipogenen Allele (Leiter, 1989), während die NZO-Maus ein polygenes Modell für das metabolische Syndrom darstellt (Crofford und Davis, 1965; Junger et al., 2002; Ortlepp et al., 2000). Mehrere diabetogene QTLs wie *Nidd1-3*, *Nob1* oder *Nob3*, die für eine Dekompensation der Glucosehomöostase verantwortlich sind, wurden in der Vergangenheit entdeckt (Leiter et al., 1998; Plum et al., 2002; Schmidt et al., 2008; Vogel et al., 2009). Kürzlich konnten daraus einige Diabetesgene wie *Sorcs1*, *Ildr2* oder *Zfp69* positionell kloniert werden (Clee et al., 2006; Dokmanovic-Chouinard et al., 2008; Scherneck et al., 2009). Die Existenz von diabetogenen und adipogenen Allelen steht im Zusammenhang mit einer veränderten Zellfunktion, die wiederum auf eine differentielle Genexpression zurückgeführt werden kann. Durch einen Vergleich des Transkriptoms von Inseln der NZO- und ob/ob-Maus wurden z.T. erhebliche Unterschiede zwischen den Modellen sowie innerhalb der ob/ob-Maus vor und nach zweitägiger Kohlenhydratexposition festgestellt. Diese Unterschiede betrafen hauptsächlich Gene des Zellzyklus sowie Gene, die Zell-Zell-Kontakte vermitteln. Bereits in der Vergangenheit wurden *Microarray*-basierte Transkriptomanalysen durchgeführt, um einen Einfluss verschiedener Stimuli auf Funktionen der Langerhans-Inseln zu untersuchen. Beispielsweise konnten Schisler und Kollegen auf diese Weise einen Zusammenhang zwischen der Nkx6.1-mediierten β-Zellproliferation herstellen. Weiterhin haben Schuit sowie Webb und Kollegen *Microarray*-Analysen eingesetzt, um die Steuerung des Energiestoffwechsels in der β-Zelle durch Glucose zu untersuchen (Schisler et al., 2008; Schuit et al., 2002; Webb et al., 2000).

DISKUSSION

4.3.2 Kohlenhydrat-induzierte Proliferation von β-Zellen in ob/ob-Mäusen

Mit Hilfe des online-Bioinformatikservices KEGG ergab sich aus dem Datenset der *Microarray-Analyse*, dass eine hochgradige Aktivierung des Zellzyklus ausschließlich in ob/ob-Mäusen nach Kohlenhydratgabe stattgefunden hatte. Zur Verifizierung dieses Effekts wurde eine erhöhte Expression prominenter Marker für eine aktivierte Zellproliferation mittels qRT-PCR nachgewiesen. Unter diesen Transkripten befand sich der transkriptionelle Regulator FoxM1. Dieser gilt als Schlüsselregulator der Zellzyklusprogression, weil er alle Phasen des Zellzyklus reguliert. Dies wird durch Erhöhung der Expression der Cycline A, D und E erreicht wodurch Cyclin-abhängige Kinasen (Cdk, *cyclin dependent kinase*) wie Cdk2,4,6 aktiviert werden, die den G_1/S sowie G_2/M-Übergang im Zellzyklus einleiten (Wang et al., 2005). FoxM1 ist darüber hinaus verantwortlich für die Transkription von Genen, wie Centromer-Protein A (*Cenpa*), Aurora-Kinase B (*Aurkb*) oder die Polo-*like*-Kinase 1 (*Plk1*), die den korrekten Verlauf der Mitose sicherstellen (Laoukili et al., 2005). Übereinstimmend zu der hier gefundenen Induktion der FoxM1-Expression konnten Davis und Kollegen durch Vergleich zweier adipöser Mausmodelle zeigen, dass die vor Diabetes geschützte ob/ob-Maus im Vergleich zur diabetessuszeptiblen BTBR.V-*Lep*$^{ob/ob}$-Maus eine höhere FoxM1-Expression aufwies. Ebenso waren in der hier durchgeführten Studie Targetproteine des FoxM1, wie Cyclin-A2 (*Ccna2*) oder Ki-67 (*Mki67*) in der ob/ob-Maus hochreguliert (Davis et al., 2010). Als Ursache für die Induktion des Zellzyklus in ob/ob-Mäusen wurde von Davis und Kollegen die Adipositas der Tiere in Verbindung mit ihrem genetischen Hintergrund diskutiert. Die Erstellung eines Genexpressionsprofils von mehreren Geweben der B6.V-*Lep*$^{ob/ob}$- bzw. BTBR.V-*Lep*$^{ob/ob}$-Maus vor und nach Ausbildung eines Diabetes hatte gezeigt, dass unzählige verschiedene Expressionsmodule innerhalb und unter den Geweben existieren und eine β-Zellreplikation vorhersagen (Keller et al., 2008). Eine ähnliche Situation ist zwischen NZO- und ob/ob-Mäusen denkbar und trägt zur Ausbildung der gegensätzlichen Phänotypen bei.

Ungeachtet dessen erfolgte die Induktion der Proliferation in der vorliegenden Studie durch die Kohlenhydratfütterung. Seit Jahrzehnten ist bekannt, dass Nahrungsaufnahme oder eine Glucoseinfusion eine β-Zellreplikation fördern kann (Alonso et al., 2007; Chick und Like, 1971), wobei der zu Grunde liegende Mechanismus bisher nur partiell verstanden ist (Butler et al., 2007; Heit et al., 2006b). Aktuelle Forschung auf dem Gebiet konnte mit Hilfe von Transplantationsstudien zeigen, dass die β-Zellmasse weniger durch lokale Faktoren als durch systemische Einflüsse reguliert wird. Insbesondere eine erhöhte Arbeitslast (Glucosemetabolismus) der β-Zelle induziert ihre Replikation, wobei dem ersten Schritt der Glykolyse (Glukokinase) sowie der Membrandepolarisation durch Schließen der K_{ATP}-Kanäle eine entscheidende Rolle zugesprochen wird (Porat et al., 2011). Berichtet wurde auch, dass die Kontrolle der β-Zellmasse durch ein Gleichgewicht zwischen Regenerierung und

DISKUSSION

β-Zellverlust erfolgt (Bonner-Weir et al., 2010). Da weder in der ob/ob-Maus apoptotische Zellen nachgewiesen wurden noch in der NZO-Maus proliferierende Zellen zu finden waren, kann geschlussfolgert werden, dass dieses Gleichgewicht zwischen den beiden Mausmodellen vollständig in entgegengesetzte Richtungen verschoben wurde. Zurzeit existieren wenige Hinweise darüber, nach welchem Mechanismus Kohlenhydrate bzw. Glucose eine β-Zellproliferation induzieren. Es wird z.B. angenommen, dass moderate Hyperglykämien, wie sie bei den ob/ob-Mäusen auftraten, zur verstärkten Insulinsekretion führen, welches wiederum in einem autokrinen Mechanismus über den AKT-Signalweg eine Aktivierung der Cycline D1 und D2 sowie Cdk4 bewirkt (Fatrai et al., 2006). Überdies könnte ein Zusammenhang zwischen der Kohlenhydrat-induzierten Inkretinfreisetzung aus dem Dünndarm und der β-Zellproliferation bestehen. Der mitogene Effekt von zum Beispiel GLP-1 auf die β-Zellen kann zum einen über seinen G-Protein-gekoppelten Rezeptor und anschließender Stimulation des PI3K/AKT-Signalwegs erfolgen (Wang et al., 2004) oder durch die Transaktivierung des EGFR (*epidermal growth factor receptor*) (Buteau et al., 2003). Diese Mechanismen würden ferner die fehlende Induktion der Proliferation in NZO-Mäusen erklären, da diese einen Verlust von p-AKT aufwiesen. Kürzlich wurde ein Zusammenhang zwischen der glucosevermittelten Reduktion von Menin (*Men1*) in β-Zellen und einer erhöhten Proliferation beschrieben. Dieser Zusammenhang wurde bekräftigt, indem Menin überexprimiert wurde und dadurch eine Glucose-stimulierte β-Zellproliferation inhibiert wurde (Zhang et al., 2012). Der inhibitorische Effekt von Menin auf die β-Zellproliferation wird zum einen durch Histonmethylierung vermittelt und zum anderen durch die Induktion von Zellzyklusinhibitoren wie p27 oder p18 (Karnik et al., 2005). Die durch Glucose ausgelöste Verminderung des Menins wird wiederum durch die Aktivität des PI3K/AKT/FoxO1-Signalwegs ausgelöst, indem FoxO1 durch Phosphorylierung daran gehindert wird, im Nukleus am *Men1*-Promotor zu binden.

Inwiefern dieser Signalweg in der ob/ob-Maus eine Rolle spielte, ist schwer abzuschätzen, da unabhängig vom PI3K/AKT-Signalweg eine Dephosphorylierung von FoxO1 stattgefunden hat, womit man annehmen könnte, dass eigentlich eine Inhibition der Proliferation zu erwarten wäre.

In der Literatur gibt es weiterhin Anhaltspunkte dafür, dass eine Vergrößerung der β-Zellmasse durch Neogenese aus Duktzellen geschehen kann (Xu et al., 2008) oder durch Reprogrammierung von α-Zellen (Thorel et al., 2010). Die Bestimmung der Inselzahl in der ob/ob-Maus konnte keine signifikante Erhöhung nach 32-tägiger Kohlenhydratfütterung feststellen, sodass eine β-Zellneogenese möglicherweise hier ausgeschlossen werden kann. Auch kann angenommen werden, dass eine Reprogrammierung von α-Zellen hier nicht stattfand, da dieser Effekt bisher nur bei Diphtherietoxin-mediierten extremem β-Zellverlust beobachtet wurde (Thorel et al., 2010).

Da der hier ablaufende Mechanismus der kohlenhydratvermittelten β-Zellproliferation nicht bekannt ist, wird in unserer Abteilung zurzeit die Rolle eines Proteins aus der TGF (*transforming growth*

DISKUSSION

factor)-Familie, für diesen Prozess untersucht. Hinweise auf einen möglichen Zusammenhang geben die Fakten, dass dieses Protein ausschließlich in ob/ob-Tieren exprimiert wird (*Array*-Analyse) und die Behandlung einer β-Zelllinie (AR42J) mit dem rekombinanten Protein zu einer gesteigerten Proliferation führte (Zhang et al., 2008). Entscheidend ist auch die Tatsache, dass das Gen, das diesen Faktor kodiert, in einem von unserer Arbeitsgruppe gefundenen QTL, dem *Nob3*, für Adipositas und Hyperglykämie auf Chromosom 1 lokalisiert ist (Vogel et al., 2009). Da die Proliferation der β-Zellen während der Kohlenhydratgabe nur ein transientes Ereignis war, gilt auch zu klären, welche Mechanismen trotz fortgeführter Kohlenhydratfütterung zu einer späteren Inhibition der Proliferation führten.

Zusammenfassend ist die Anpassung der β-Zellmasse an die veränderte diätetische Situation ein kompensatorischer Mechanismus, mit dem sich die ob/ob-Maus vor einem Diabetes schützt.

ZUSAMMENFASSUNG

5 Zusammenfassung

Ziel der vorliegenden Arbeit war es, die Auswirkungen von Glucose- und Lipidtoxizität auf die Funktion der β-Zellen von Langerhans-Inseln in einem diabetesresistenten (B6.V-$Lep^{ob/ob}$, ob/ob) sowie diabetessuszeptiblen (*New Zealand Obese*, NZO) Mausmodell zu untersuchen. Es sollten molekulare Mechanismen identifiziert werden, die zum Untergang der β-Zellen in der NZO-Maus führen bzw. zum Schutz der β-Zellen der ob/ob-Maus beitragen. Zunächst wurde durch ein geeignetes diätetisches Regime in beiden Modellen durch kohlenhydratrestriktive Ernährung eine Adipositas (Lipidtoxizität) induziert und anschließend durch Fütterung einer kohlenhydrathaltigen Diät ein Zustand von Glucolipotoxizität erzeugt. Dieses Vorgehen erlaubte es, in der NZO-Maus in einem kurzen Zeitfenster eine Hyperglykämie sowie einen β-Zelluntergang durch Apoptose auszulösen. Im Vergleich dazu blieben ob/ob-Mäuse längerfristig normoglykämisch und wiesen keinen β-Zelluntergang auf. Die Ursache für den β-Zellverlust war die Inaktivierung des Insulin/IGF-1-Rezeptor-Signalwegs, wie durch Abnahme von phospho-AKT, phospho-FoxO1 sowie des β-zellspezifischen Transkriptionsfaktors PDX1 gezeigt wurde. Mit Ausnahme des Effekts einer Dephosphorylierung von FoxO1, konnten ob/ob-Mäuse diesen Signalweg aufrechterhalten und dadurch einen Verlust von β-Zellen abwenden. Die glucolipotoxischen Effekte wurden *in vitro* an isolierten Inseln beider Stämme und der β-Zelllinie MIN6 bestätigt und zeigten, dass ausschließlich die Kombination hoher Glucose- und Palmitatkonzentrationen (Glucolipotoxizität) negative Auswirkungen auf die NZO-Inseln und MIN6-Zellen hatte, während ob/ob-Inseln davor geschützt blieben.

Die Untersuchung isolierter Inseln ergab, dass beide Stämme unter glucolipotoxischen Bedingungen keine Steigerung der Insulinexpression aufweisen und sich bezüglich ihrer Glucose-stimulierten Insulinsekretion nicht unterscheiden.

Mit Hilfe von *Microarray*- sowie immunhistologischen Untersuchungen wurde gezeigt, dass ausschließlich ob/ob-Mäuse nach Kohlenhydratfütterung eine kompensatorische transiente Induktion der β-Zellproliferation aufwiesen, die in einer nahezu Verdreifachung der Inselmasse nach 32 Tagen mündete.

Die hier erzielten Ergebnisse lassen die Schlussfolgerung zu, dass der β-Zelluntergang der NZO-Maus auf eine Beeinträchtigung des Insulin/IGF-1-Rezeptor-Signalwegs sowie auf die Unfähigkeit zur β-Zellproliferation zurückgeführt werden kann. Umgekehrt ermöglichen der Erhalt des Insulin/IGF-1-Rezeptor-Signalwegs und die Induktion der β-Zellproliferation in der ob/ob-Maus den Schutz vor einer Hyperglykämie und einem Diabetes.

SUMMARY

Summary

The aim of the project was to investigate the impact of glucose- and fatty acid toxicity on β-cell function in a diabetes susceptible (*New Zealand Obese*, NZO) and resistant (B6.V-*Lep*$^{ob/ob}$, ob/ob) mouse model. Specifically, the molecular mechanisms of glucolipotoxicity-induced β-cell failure in the NZO mouse and pathways which contribute to protection of ob/ob mice against diet-induced type 2 diabetes should be elucidated.

First, the animals were fed a fat-enriched carbohydrate-free diet which resulted in severe obesity and insulin resistance (lipotoxicity). Subsequently, mice were exposed to a carbohydrate-containing diet to induce conditions of glucolipotoxicity. This sequential dietary regimen provides a convenient method to induce rapid hyperglycaemia with β-cell destruction by apoptosis in a short time frame in NZO mice. In contrast, long-term exposure of ob/ob mice to the same dietary regimen leads to normoglycaemia and a protection against β-cell failure. The molecular mechanism behind carbohydrate-mediated β-cell destruction in NZO mice was an inactivation of the insulin/IGF-1 receptor signaling pathway including loss of phospho-AKT, phospho-FoxO1 and of the β-cell specific transcription factor PDX1. With the exception of FoxO1-dephosphorylation, ob/ob mice maintained this survival pathway and therefore were protected against loss of β-cells. The adverse effects of glucolipotoxicity on β-cells were verified *in vitro* by treatment of isolated NZO-islets and MIN6-cells under glucolipotoxic conditions. Only the combination of high glucose in the presence of palmitate caused deterioration of NZO-islets and MIN6-cells whereas ob/ob-islets were protected.

The investigation of the insulin expression pattern showed, that glucolipotoxic conditions inhibited a glucose-induced increase in insulin expression in both, NZO and ob/ob islets. Furthermore, NZO and ob/ob-islets did not differ in glucose-stimulated insulin secretion. Expression profiling and immunohistochemical analyses of islets from NZO and ob/ob mice before and after carbohydrate intervention revealed a transient induction of a compensatory β-cell proliferation. During a 32 day carbohydrate feeding islet mass of ob/ob mice increased almost 3-fold.

In conclusion, β-cell failure in NZO mice was induced via impairment of the insulin/IGF-1 signaling pathway and the inability to adequately increase β-cell mass by proliferation. Conversely, maintenance of the insulin/IGF-1 receptor signaling pathway and the induction of β-cell proliferation protected ob/ob mice against hyperglycaemia and type 2 diabetes.

LITERATURVERZEICHNIS

6 Literaturverzeichnis

ADA. (2011) Diagnosis and Classification of Diabetes Mellitus. *Diabetes care* 34 Supplement 1, 62-69.

ADA. (2012) Diagnosis and Classification of Diabetes Mellitus. *Diabetes care* 35, 64-71.

Ahlqvist, E., Ahluwalia, T. S. and Groop, L. (2011) Genetics of type 2 diabetes. *Clin Chem* 57, 241-54.

Alarcon, C., Leahy, J. L., Schuppin, G. T. and Rhodes, C. J. (1995) Increased secretory demand rather than a defect in the proinsulin conversion mechanism causes hyperproinsulinemia in a glucose-infusion rat model of non-insulin-dependent diabetes mellitus. *J Clin Invest* 95, 1032-9.

Ali, S. H. and DeCaprio, J. A. (2001) Cellular transformation by SV40 large T antigen: interaction with host proteins. *Semin Cancer Biol* 11, 15-23.

Alonso, L. C., Yokoe, T., Zhang, P., Scott, D. K., Kim, S. K., O'Donnell, C. P. and Garcia-Ocana, A. (2007) Glucose infusion in mice: a new model to induce beta-cell replication. *Diabetes* 56, 1792-801.

An, R., da Silva Xavier, G., Hao, H. X., Semplici, F., Rutter, J. and Rutter, G. A. (2006) Regulation by Per-Arnt-Sim (PAS) kinase of pancreatic duodenal homeobox-1 nuclear import in pancreatic beta-cells. *Biochem Soc Trans* 34, 791-3.

An, R., da Silva Xavier, G., Semplici, F., Vakhshouri, S., Hao, H. X., Rutter, J., Pagano, M. A., Meggio, F., Pinna, L. A. and Rutter, G. A. (2010) Pancreatic and duodenal homeobox 1 (PDX1) phosphorylation at serine-269 is HIPK2-dependent and affects PDX1 subnuclear localization. *Biochem Biophys Res Commun* 399, 155-61.

Andrali, S. S., Qian, Q. and Ozcan, S. (2007) Glucose mediates the translocation of NeuroD1 by O-linked glycosylation. *J Biol Chem* 282, 15589-96.

Andrali, S. S., Sampley, M. L., Vanderford, N. L. and Ozcan, S. (2008) Glucose regulation of insulin gene expression in pancreatic beta-cells. *Biochem J* 415, 1-10.

Andrikopoulos, S., Rosella, G., Gaskin, E., Thorburn, A., Kaczmarczyk, S., Zajac, J. D. and Proietto, J. (1993) Impaired regulation of hepatic fructose-1,6-bisphosphatase in the New Zealand obese mouse model of NIDDM. *Diabetes* 42, 1731-6.

Araki, E., Oyadomari, S. and Mori, M. (2003) Endoplasmic reticulum stress and diabetes mellitus. *Intern Med* 42, 7-14.

Aronheim, A., Ohlsson, H., Park, C. W., Edlund, T. and Walker, M. D. (1991) Distribution and characterization of helix-loop-helix enhancer-binding proteins from pancreatic beta cells and lymphocytes. *Nucleic Acids Res* 19, 3893-9.

Aspinwall, C. A., Qian, W. J., Roper, M. G., Kulkarni, R. N., Kahn, C. R. and Kennedy, R. T. (2000) Roles of insulin receptor substrate-1, phosphatidylinositol 3-kinase, and release of intracellular Ca2+ stores in insulin-stimulated insulin secretion in beta -cells. *J Biol Chem* 275, 22331-8.

Bachar, E., Ariav, Y., Ketzinel-Gilad, M., Cerasi, E., Kaiser, N. and Leibowitz, G. (2009) Glucose amplifies fatty acid-induced endoplasmic reticulum stress in pancreatic beta-cells via activation of mTORC1. *PLoS One* 4, e4954.

Back, S. H., Scheuner, D., Han, J., Song, B., Ribick, M., Wang, J., Gildersleeve, R. D., Pennathur, S. and Kaufman, R. J. (2009) Translation attenuation through eIF2alpha phosphorylation prevents oxidative stress and maintains the differentiated state in beta cells. *Cell Metab* 10, 13-26.

LITERATURVERZEICHNIS

Bell, R. H., Jr. and Hye, R. J. (1983) Animal models of diabetes mellitus: physiology and pathology. *J Surg Res* 35, 433-60.

Bielschowsky, M. and Goodall, C. M. (1970) Origin of inbred NZ mouse strains. *Cancer Res* 30, 834-6.

Biggs, W. H., 3rd, Meisenhelder, J., Hunter, T., Cavenee, W. K. and Arden, K. C. (1999) Protein kinase B/Akt-mediated phosphorylation promotes nuclear exclusion of the winged helix transcription factor FKHR1. *Proc Natl Acad Sci U S A* 96, 7421-6.

Bisschop, P. H., de Metz, J., Ackermans, M. T., Endert, E., Pijl, H., Kuipers, F., Meijer, A. J., Sauerwein, H. P. and Romijn, J. A. (2001) Dietary fat content alters insulin-mediated glucose metabolism in healthy men. *Am J Clin Nutr* 73, 554-9.

Blaak, E. E. (2003) Fatty acid metabolism in obesity and type 2 diabetes mellitus. *Proc Nutr Soc* 62, 753-60.

Boden, G. (1997) Role of fatty acids in the pathogenesis of insulin resistance and NIDDM. *Diabetes* 46, 3-10.

Bonner-Weir, S., Li, W. C., Ouziel-Yahalom, L., Guo, L., Weir, G. C. and Sharma, A. (2010) Beta-cell growth and regeneration: replication is only part of the story. *Diabetes* 59, 2340-8.

Borjesson, A. and Carlsson, C. (2007) Altered proinsulin conversion in rat pancreatic islets exposed long-term to various glucose concentrations or interleukin-1beta. *J Endocrinol* 192, 381-7.

Boucher, M. J., Selander, L., Carlsson, L. and Edlund, H. (2006) Phosphorylation marks IPF1/PDX1 protein for degradation by glycogen synthase kinase 3-dependent mechanisms. *J Biol Chem* 281, 6395-403.

Briscoe, C. P., Tadayyon, M., Andrews, J. L., Benson, W. G., Chambers, J. K., Eilert, M. M., Ellis, C., Elshourbagy, N. A., Goetz, A. S., Minnick, D. T., Murdock, P. R., Sauls, H. R., Jr., Shabon, U., Spinage, L. D., Strum, J. C., Szekeres, P. G., Tan, K. B., Way, J. M., Ignar, D. M., Wilson, S. and Muir, A. I. (2003) The orphan G protein-coupled receptor GPR40 is activated by medium and long chain fatty acids. *J Biol Chem* 278, 11303-11.

Brockman, J. L., Schroeder, M. D. and Schuler, L. A. (2002) PRL activates the cyclin D1 promoter via the Jak2/Stat pathway. *Mol Endocrinol* 16, 774-84.

Buteau, J., Foisy, S., Joly, E. and Prentki, M. (2003) Glucagon-like peptide 1 induces pancreatic beta-cell proliferation via transactivation of the epidermal growth factor receptor. *Diabetes* 52, 124-32.

Butler, A. E., Janson, J., Bonner-Weir, S., Ritzel, R., Rizza, R. A. and Butler, P. C. (2003) Beta-cell deficit and increased beta-cell apoptosis in humans with type 2 diabetes. *Diabetes* 52, 102-10.

Butler, M., McKay, R. A., Popoff, I. J., Gaarde, W. A., Witchell, D., Murray, S. F., Dean, N. M., Bhanot, S. and Monia, B. P. (2002) Specific inhibition of PTEN expression reverses hyperglycemia in diabetic mice. *Diabetes* 51, 1028-34.

Butler, P. C., Meier, J. J., Butler, A. E. and Bhushan, A. (2007) The replication of beta cells in normal physiology, in disease and for therapy. *Nat Clin Pract Endocrinol Metab* 3, 758-68.

Byrne, M. M., Sturis, J., Menzel, S., Yamagata, K., Fajans, S. S., Dronsfield, M. J., Bain, S. C., Hattersley, A. T., Velho, G., Froguel, P., Bell, G. I. and Polonsky, K. S. (1996) Altered insulin secretory responses to glucose in diabetic and nondiabetic subjects with mutations in the diabetes susceptibility gene MODY3 on chromosome 12. *Diabetes* 45, 1503-10.

Cameron, D. P., Opat, F. and Insch, S. (1974) Studies of immunoreactive insulin secretion in NZO mice in vivo. *Diabetologia* 10 Suppl, 649-54.

Carter, J. D., Dula, S. B., Corbin, K. L., Wu, R. and Nunemaker, C. S. (2009) A practical guide to rodent islet isolation and assessment. *Biol Proced Online* 11, 3-31.

LITERATURVERZEICHNIS

Chen, N. G. and Reaven, G. M. (1999) Fatty acid inhibition of glucose-stimulated insulin secretion is enhanced in pancreatic islets from insulin-resistant rats. *Metabolism* 48, 1314-7.

Chick, W. L. and Like, A. A. (1971) Effects of diet on pancreatic beta cell replication in mice with hereditary diabetes. *Am J Physiol* 221, 202-8.

Clandinin, M. T. and Wilke, M. S. (2001) Do trans fatty acids increase the incidence of type 2 diabetes? *Am J Clin Nutr* 73, 1001-2.

Clee, S. M., Yandell, B. S., Schueler, K. M., Rabaglia, M. E., Richards, O. C., Raines, S. M., Kabara, E. A., Klass, D. M., Mui, E. T., Stapleton, D. S., Gray-Keller, M. P., Young, M. B., Stoehr, J. P., Lan, H., Boronenkov, I., Raess, P. W., Flowers, M. T. and Attie, A. D. (2006) Positional cloning of Sorcs1, a type 2 diabetes quantitative trait locus. *Nat Genet* 38, 688-93.

Clement, S., Krause, U., Desmedt, F., Tanti, J. F., Behrends, J., Pesesse, X., Sasaki, T., Penninger, J., Doherty, M., Malaisse, W., Dumont, J. E., Le Marchand-Brustel, Y., Erneux, C., Hue, L. and Schurmans, S. (2001) The lipid phosphatase SHIP2 controls insulin sensitivity. *Nature* 409, 92-7.

Cnop, M., Hannaert, J. C., Grupping, A. Y. and Pipeleers, D. G. (2002) Low density lipoprotein can cause death of islet beta-cells by its cellular uptake and oxidative modification. *Endocrinology* 143, 3449-53.

Cnop, M., Hannaert, J. C., Hoorens, A., Eizirik, D. L. and Pipeleers, D. G. (2001) Inverse relationship between cytotoxicity of free fatty acids in pancreatic islet cells and cellular triglyceride accumulation. *Diabetes* 50, 1771-7.

Coleman, D. L. and Hummel, K. P. (1973) The influence of genetic background on the expression of the obese (Ob) gene in the mouse. *Diabetologia* 9, 287-93.

Cornu, M., Yang, J. Y., Jaccard, E., Poussin, C., Widmann, C. and Thorens, B. (2009) Glucagon-like peptide-1 protects beta-cells against apoptosis by increasing the activity of an IGF-2/IGF-1 receptor autocrine loop. *Diabetes* 58, 1816-25.

Costacou, T. and Mayer-Davis, E. J. (2003) Nutrition and prevention of type 2 diabetes. *Annu Rev Nutr* 23, 147-70.

Crabtree, G. R. and Olson, E. N. (2002) NFAT signaling: choreographing the social lives of cells. *Cell* 109 Suppl, S67-79.

Crofford, O. B. and Davis, C. K., Jr. (1965) Growth Characteristics, Glucose Tolerance and Insulin Sensitivity of New Zealand Obese Mice. *Metabolism* 14, 271-80.

Curry, D. L., Bennett, L. L. and Grodsky, G. M. (1968) Dynamics of insulin secretion by the perfused rat pancreas. *Endocrinology* 83, 572-84.

D'Alessandris, C., Andreozzi, F., Federici, M., Cardellini, M., Brunetti, A., Ranalli, M., Del Guerra, S., Lauro, D., Del Prato, S., Marchetti, P., Lauro, R. and Sesti, G. (2004) Increased O-glycosylation of insulin signaling proteins results in their impaired activation and enhanced susceptibility to apoptosis in pancreatic beta-cells. *Faseb J* 18, 959-61.

D'Alessio, D. (2011) The role of dysregulated glucagon secretion in type 2 diabetes. *Diabetes Obes Metab* 13 Suppl 1, 126-32.

Das, S. K. and Elbein, S. C. (2006) The Genetic Basis of Type 2 Diabetes. *Cellscience* 2, 100-131.

Davis, D. B., Lavine, J. A., Suhonen, J. I., Krautkramer, K. A., Rabaglia, M. E., Sperger, J. M., Fernandez, L. A., Yandell, B. S., Keller, M. P., Wang, I. M., Schadt, E. E. and Attie, A. D. (2010) FoxM1 is up-regulated by obesity and stimulates beta-cell proliferation. *Mol Endocrinol* 24, 1822-34.

LITERATURVERZEICHNIS

De Meyts, P., Wallach, B., Christoffersen, C. T., Urso, B., Gronskov, K., Latus, L. J., Yakushiji, F., Ilondo, M. M. and Shymko, R. M. (1994) The insulin-like growth factor-I receptor. Structure, ligand-binding mechanism and signal transduction. *Horm Res* 42, 152-69.

DeFronzo, R. A. (2004) Pathogenesis of type 2 diabetes mellitus. *Med Clin North Am* 88, 787-835, ix.

Devary, Y., Gottlieb, R. A., Lau, L. F. and Karin, M. (1991) Rapid and preferential activation of the c-jun gene during the mammalian UV response. *Mol Cell Biol* 11, 2804-11.

Dey, D., Basu, D., Roy, S. S., Bandyopadhyay, A. and Bhattacharya, S. (2006) Involvement of novel PKC isoforms in FFA induced defects in insulin signaling. *Mol Cell Endocrinol* 246, 60-4.

Dickson, L. M. and Rhodes, C. J. (2004) Pancreatic beta-cell growth and survival in the onset of type 2 diabetes: a role for protein kinase B in the Akt? *Am J Physiol Endocrinol Metab* 287, E192-8.

Dokmanovic-Chouinard, M., Chung, W. K., Chevre, J. C., Watson, E., Yonan, J., Wiegand, B., Bromberg, Y., Wakae, N., Wright, C. V., Overton, J., Ghosh, S., Sathe, G. M., Ammala, C. E., Brown, K. K., Ito, R., LeDuc, C., Solomon, K., Fischer, S. G. and Leibel, R. L. (2008) Positional cloning of "Lisch-Like", a candidate modifier of susceptibility to type 2 diabetes in mice. *PLoS Genet* 4, e1000137.

Dor, Y., Brown, J., Martinez, O. I. and Melton, D. A. (2004) Adult pancreatic beta-cells are formed by self-duplication rather than stem-cell differentiation. *Nature* 429, 41-6.

Dulubova, I., Lou, X., Lu, J., Huryeva, I., Alam, A., Schneggenburger, R., Sudhof, T. C. and Rizo, J. (2005) A Munc13/RIM/Rab3 tripartite complex: from priming to plasticity? *Embo J* 24, 2839-50.

Efrat, S., Linde, S., Kofod, H., Spector, D., Delannoy, M., Grant, S., Hanahan, D. and Baekkeskov, S. (1988) Beta-cell lines derived from transgenic mice expressing a hybrid insulin gene-oncogene. *Proc Natl Acad Sci U S A* 85, 9037-41.

El-Assaad, W., Buteau, J., Peyot, M. L., Nolan, C., Roduit, R., Hardy, S., Joly, E., Dbaibo, G., Rosenberg, L. and Prentki, M. (2003) Saturated fatty acids synergize with elevated glucose to cause pancreatic beta-cell death. *Endocrinology* 144, 4154-63.

Elghazi, L., Balcazar, N. and Bernal-Mizrachi, E. (2006) Emerging role of protein kinase B/Akt signaling in pancreatic beta-cell mass and function. *Int J Biochem Cell Biol* 38, 157-63.

Fatrai, S., Elghazi, L., Balcazar, N., Cras-Meneur, C., Krits, I., Kiyokawa, H. and Bernal-Mizrachi, E. (2006) Akt induces beta-cell proliferation by regulating cyclin D1, cyclin D2, and p21 levels and cyclin-dependent kinase-4 activity. *Diabetes* 55, 318-25.

Federici, M., Hribal, M. L., Ranalli, M., Marselli, L., Porzio, O., Lauro, D., Borboni, P., Lauro, R., Marchetti, P., Melino, G. and Sesti, G. (2001) The common Arg972 polymorphism in insulin receptor substrate-1 causes apoptosis of human pancreatic islets. *Faseb J* 15, 22-24.

Fontes, G., Semache, M., Hagman, D. K., Tremblay, C., Shah, R., Rhodes, C. J., Rutter, J. and Poitout, V. (2009) Involvement of Per-Arnt-Sim Kinase and extracellular-regulated kinases-1/2 in palmitate inhibition of insulin gene expression in pancreatic beta-cells. *Diabetes* 58, 2048-58.

Fujimoto, K., Ford, E. L., Tran, H., Wice, B. M., Crosby, S. D., Dorn, G. W., 2nd and Polonsky, K. S. (2010) Loss of Nix in Pdx1-deficient mice prevents apoptotic and necrotic beta cell death and diabetes. *J Clin Invest* 120, 4031-9.

Furukawa, H., Carroll, R. J., Swift, H. H. and Steiner, D. F. (1999) Long-term elevation of free fatty acids leads to delayed processing of proinsulin and prohormone convertases 2 and 3 in the pancreatic beta-cell line MIN6. *Diabetes* 48, 1395-401.

LITERATURVERZEICHNIS

Gadot, M., Ariav, Y., Cerasi, E., Kaiser, N. and Gross, D. J. (1995) Hyperproinsulinemia in the diabetic Psammomys obesus is a result of increased secretory demand on the beta-cell. *Endocrinology* 136, 4218-23.

Gadot, M., Leibowitz, G., Shafrir, E., Cerasi, E., Gross, D. J. and Kaiser, N. (1994) Hyperproinsulinemia and insulin deficiency in the diabetic Psammomys obesus. *Endocrinology* 135, 610-6.

Gao, Y., Miyazaki, J. and Hart, G. W. (2003) The transcription factor PDX-1 is post-translationally modified by O-linked N-acetylglucosamine and this modification is correlated with its DNA binding activity and insulin secretion in min6 beta-cells. *Arch Biochem Biophys* 415, 155-63.

Garg, A., Bantle, J. P., Henry, R. R., Coulston, A. M., Griver, K. A., Raatz, S. K., Brinkley, L., Chen, Y. D., Grundy, S. M., Huet, B. A. and et al. (1994) Effects of varying carbohydrate content of diet in patients with non-insulin-dependent diabetes mellitus. *Jama* 271, 1421-8.

Garg, A., Bonanome, A., Grundy, S. M., Zhang, Z. J. and Unger, R. H. (1988) Comparison of a high-carbohydrate diet with a high-monounsaturated-fat diet in patients with non-insulin-dependent diabetes mellitus. *N Engl J Med* 319, 829-34.

Garthwaite, T. L., Martinson, D. R., Tseng, L. F., Hagen, T. C. and Menahan, L. A. (1980) A longitudinal hormonal profile of the genetically obese mouse. *Endocrinology* 107, 671-6.

Gavrieli, Y., Sherman, Y. and Ben-Sasson, S. A. (1992) Identification of programmed cell death in situ via specific labeling of nuclear DNA fragmentation. *J Cell Biol* 119, 493-501.

Gazdar, A. F., Chick, W. L., Oie, H. K., Sims, H. L., King, D. L., Weir, G. C. and Lauris, V. (1980) Continuous, clonal, insulin- and somatostatin-secreting cell lines established from a transplantable rat islet cell tumor. *Proc Natl Acad Sci U S A* 77, 3519-23.

Ge, Q. M., Dong, Y. and Su, Q. (2010) Effects of glucose and advanced glycation end products on oxidative stress in MIN6 cells. *Cell Mol Biol (Noisy-le-grand)* 56 Suppl, OL1231-8.

Georgia, S. and Bhushan, A. (2004) Beta cell replication is the primary mechanism for maintaining postnatal beta cell mass. *J Clin Invest* 114, 963-8.

Glauser, D. A. and Schlegel, W. (2007) The emerging role of FOXO transcription factors in pancreatic beta cells. *J Endocrinol* 193, 195-207.

Glauser, D. A. and Schlegel, W. (2009) The FoxO/Bcl-6/cyclin D2 pathway mediates metabolic and growth factor stimulation of proliferation in Min6 pancreatic beta-cells. *J Recept Signal Transduct Res* 29, 293-8.

Glick, E., Leshkowitz, D. and Walker, M. D. (2000) Transcription factor BETA2 acts cooperatively with E2A and PDX1 to activate the insulin gene promoter. *J Biol Chem* 275, 2199-204.

Gotoh, M., Maki, T., Kiyoizumi, T., Satomi, S. and Monaco, A. P. (1985) An improved method for isolation of mouse pancreatic islets. *Transplantation* 40, 437-8.

Grant, S. F., Thorleifsson, G., Reynisdottir, I., Benediktsson, R., Manolescu, A., Sainz, J., Helgason, A., Stefansson, H., Emilsson, V., Helgadottir, A., Styrkarsdottir, U., Magnusson, K. P., Walters, G. B., Palsdottir, E., Jonsdottir, T., Gudmundsdottir, T., Gylfason, A., Saemundsdottir, J., Wilensky, R. L., Reilly, M. P., Rader, D. J., Bagger, Y., Christiansen, C., Gudnason, V., Sigurdsson, G., Thorsteinsdottir, U., Gulcher, J. R., Kong, A. and Stefansson, K. (2006) Variant of transcription factor 7-like 2 (TCF7L2) gene confers risk of type 2 diabetes. *Nat Genet* 38, 320-3.

Hagman, D. K., Hays, L. B., Parazzoli, S. D. and Poitout, V. (2005) Palmitate inhibits insulin gene expression by altering PDX-1 nuclear localization and reducing MafA expression in isolated rat islets of Langerhans. *J Biol Chem* 280, 32413-8.

LITERATURVERZEICHNIS

Han, S. I., Aramata, S., Yasuda, K. and Kataoka, K. (2007) MafA stability in pancreatic beta cells is regulated by glucose and is dependent on its constitutive phosphorylation at multiple sites by glycogen synthase kinase 3. *Mol Cell Biol* 27, 6593-605.

Hanley, S. C., Austin, E., Assouline-Thomas, B., Kapeluto, J., Blaichman, J., Moosavi, M., Petropavlovskaia, M. and Rosenberg, L. (2010) {beta}-Cell mass dynamics and islet cell plasticity in human type 2 diabetes. *Endocrinology* 151, 1462-72.

Harmon, J. S., Gleason, C. E., Tanaka, Y., Oseid, E. A., Hunter-Berger, K. K. and Robertson, R. P. (1999) In vivo prevention of hyperglycemia also prevents glucotoxic effects on PDX-1 and insulin gene expression. *Diabetes* 48, 1995-2000.

Hashimoto, N., Kido, Y., Uchida, T., Asahara, S., Shigeyama, Y., Matsuda, T., Takeda, A., Tsuchihashi, D., Nishizawa, A., Ogawa, W., Fujimoto, Y., Okamura, H., Arden, K. C., Herrera, P. L., Noda, T. and Kasuga, M. (2006) Ablation of PDK1 in pancreatic beta cells induces diabetes as a result of loss of beta cell mass. *Nat Genet* 38, 589-93.

Hattori, Y., Suzuki, M., Hattori, S. and Kasai, K. (2002) Vascular smooth muscle cell activation by glycated albumin (Amadori adducts). *Hypertension* 39, 22-8.

Hauner, H., Bechthold, A., Boeing, H., Bronstrup, A., Buyken, A., Leschik-Bonnet, E., Linseisen, J., Schulze, M., Strohm, D. and Wolfram, G. (2012) Evidence-based guideline of the german nutrition society: carbohydrate intake and prevention of nutrition-related diseases. *Ann Nutr Metab* 60 Suppl 1, 1-58.

Heit, J. J., Apelqvist, A. A., Gu, X., Winslow, M. M., Neilson, J. R., Crabtree, G. R. and Kim, S. K. (2006a) Calcineurin/NFAT signalling regulates pancreatic beta-cell growth and function. *Nature* 443, 345-9.

Heit, J. J., Karnik, S. K. and Kim, S. K. (2006b) Intrinsic regulators of pancreatic beta-cell proliferation. *Annu Rev Cell Dev Biol* 22, 311-38.

Henderson, E. and Stein, R. (1994) c-jun inhibits transcriptional activation by the insulin enhancer, and the insulin control element is the target of control. *Mol Cell Biol* 14, 655-62.

Henkin, L., Bergman, R. N., Bowden, D. W., Ellsworth, D. L., Haffner, S. M., Langefeld, C. D., Mitchell, B. D., Norris, J. M., Rewers, M., Saad, M. F., Stamm, E., Wagenknecht, L. E. and Rich, S. S. (2003) Genetic epidemiology of insulin resistance and visceral adiposity. The IRAS Family Study design and methods. *Ann Epidemiol* 13, 211-7.

Henquin, J. C. (2009) Regulation of insulin secretion: a matter of phase control and amplitude modulation. *Diabetologia* 52, 739-51.

Henquin, J. C., Ishiyama, N., Nenquin, M., Ravier, M. A. and Jonas, J. C. (2002) Signals and pools underlying biphasic insulin secretion. *Diabetes* 51 Suppl 1, S60-7.

Henquin, J. C., Ravier, M. A., Nenquin, M., Jonas, J. C. and Gilon, P. (2003) Hierarchy of the beta-cell signals controlling insulin secretion. *Eur J Clin Invest* 33, 742-50.

Herberg, L. and Coleman, D. L. (1977) Laboratory animals exhibiting obesity and diabetes syndromes. *Metabolism* 26, 59-99.

Herder, C. and Roden, M. (2011) Genetics of type 2 diabetes: pathophysiologic and clinical relevance. *Eur J Clin Invest* 41, 679-92.

Herman, W. H., Fajans, S. S., Ortiz, F. J., Smith, M. J., Sturis, J., Bell, G. I., Polonsky, K. S. and Halter, J. B. (1994) Abnormal insulin secretion, not insulin resistance, is the genetic or primary defect of MODY in the RW pedigree. *Diabetes* 43, 40-6.

LITERATURVERZEICHNIS

Holman, G. D. and Cushman, S. W. (1994) Subcellular localization and trafficking of the GLUT4 glucose transporter isoform in insulin-responsive cells. *Bioessays* 16, 753-9.

Holz, G. G. and Chepurny, O. G. (2005) Diabetes outfoxed by GLP-1? *Sci STKE* 2005, pe2.

Horikawa, Y., Oda, N., Cox, N. J., Li, X., Orho-Melander, M., Hara, M., Hinokio, Y., Lindner, T. H., Mashima, H., Schwarz, P. E., del Bosque-Plata, L., Oda, Y., Yoshiuchi, I., Colilla, S., Polonsky, K. S., Wei, S., Concannon, P., Iwasaki, N., Schulze, J., Baier, L. J., Bogardus, C., Groop, L., Boerwinkle, E., Hanis, C. L. and Bell, G. I. (2000) Genetic variation in the gene encoding calpain-10 is associated with type 2 diabetes mellitus. *Nat Genet* 26, 163-75.

Hu, F. B., Manson, J. E., Stampfer, M. J., Colditz, G., Liu, S., Solomon, C. G. and Willett, W. C. (2001) Diet, lifestyle, and the risk of type 2 diabetes mellitus in women. *N Engl J Med* 345, 790-7.

Huang da, W., Sherman, B. T. and Lempicki, R. A. (2009) Systematic and integrative analysis of large gene lists using DAVID bioinformatics resources. *Nat Protoc* 4, 44-57.

Hughes, K. J., Meares, G. P., Hansen, P. A. and Corbett, J. A. (2011) FoxO1 and SIRT1 regulate beta-cell responses to nitric oxide. *J Biol Chem* 286, 8338-48.

Humphrey, R. K., Yu, S. M., Flores, L. E. and Jhala, U. S. (2010) Glucose regulates steady-state levels of PDX1 via the reciprocal actions of GSK3 and AKT kinases. *J Biol Chem* 285, 3406-16.

Igel, M., Becker, W., Herberg, L. and Joost, H. G. (1997) Hyperleptinemia, leptin resistance, and polymorphic leptin receptor in the New Zealand obese mouse. *Endocrinology* 138, 4234-9.

Inagaki, N., Maekawa, T., Sudo, T., Ishii, S., Seino, Y. and Imura, H. (1992) c-Jun represses the human insulin promoter activity that depends on multiple cAMP response elements. *Proc Natl Acad Sci U S A* 89, 1045-9.

Ingalls, A. M., Dickie, M. M. and Snell, G. D. (1950) Obese, a new mutation in the house mouse. *J Hered* 41, 317-8.

Ishihara, H., Asano, T., Tsukuda, K., Katagiri, H., Inukai, K., Anai, M., Kikuchi, M., Yazaki, Y., Miyazaki, J. I. and Oka, Y. (1993) Pancreatic beta cell line MIN6 exhibits characteristics of glucose metabolism and glucose-stimulated insulin secretion similar to those of normal islets. *Diabetologia* 36, 1139-45.

Itoh, Y. and Hinuma, S. (2005) GPR40, a free fatty acid receptor on pancreatic beta cells, regulates insulin secretion. *Hepatol Res* 33, 171-3.

Itoh, Y., Kawamata, Y., Harada, M., Kobayashi, M., Fujii, R., Fukusumi, S., Ogi, K., Hosoya, M., Tanaka, Y., Uejima, H., Tanaka, H., Maruyama, M., Satoh, R., Okubo, S., Kizawa, H., Komatsu, H., Matsumura, F., Noguchi, Y., Shinohara, T., Hinuma, S., Fujisawa, Y. and Fujino, M. (2003) Free fatty acids regulate insulin secretion from pancreatic beta cells through GPR40. *Nature* 422, 173-6.

Janssen, J. and Laatz, W. (2005) Statistische Datenanalyse mit SPSS für Windows. Berlin, Springer.

Jensen, M. V., Joseph, J. W., Ronnebaum, S. M., Burgess, S. C., Sherry, A. D. and Newgard, C. B. (2008) Metabolic cycling in control of glucose-stimulated insulin secretion. *Am J Physiol Endocrinol Metab* 295, E1287-97.

Johnson, J. D., Ahmed, N. T., Luciani, D. S., Han, Z., Tran, H., Fujita, J., Misler, S., Edlund, H. and Polonsky, K. S. (2003) Increased islet apoptosis in Pdx1+/- mice. *J Clin Invest* 111, 1147-60.

Jonsson, J., Carlsson, L., Edlund, T. and Edlund, H. (1994) Insulin-promoter-factor 1 is required for pancreas development in mice. *Nature* 371, 606-9.

LITERATURVERZEICHNIS

Junger, E., Herberg, L., Jeruschke, K. and Leiter, E. H. (2002) The diabetes-prone NZO/Hl strain. II. Pancreatic immunopathology. *Lab Invest* 82, 843-53.

Jürgens, H. S., Neschen, S., Ortmann, S., Scherneck, S., Schmolz, K., Schuler, G., Schmidt, S., Bluher, M., Klaus, S., Perez-Tilve, D., Tschop, M. H., Schurmann, A. and Joost, H. G. (2007) Development of diabetes in obese, insulin-resistant mice: essential role of dietary carbohydrate in beta cell destruction. *Diabetologia* 50, 1481-9.

Jurgens, H. S., Schurmann, A., Kluge, R., Ortmann, S., Klaus, S., Joost, H. G. and Tschop, M. H. (2006) Hyperphagia, lower body temperature, and reduced running wheel activity precede development of morbid obesity in New Zealand obese mice. *Physiol Genomics* 25, 234-41.

Kahn, B. B. (1998) Type 2 diabetes: when insulin secretion fails to compensate for insulin resistance. *Cell* 92, 593-6.

Kahn, S. E. (2003) The relative contributions of insulin resistance and beta-cell dysfunction to the pathophysiology of Type 2 diabetes. *Diabetologia* 46, 3-19.

Kajimoto, Y., Watada, H., Matsuoka, T., Kaneto, H., Fujitani, Y., Miyazaki, J. and Yamasaki, Y. (1997) Suppression of transcription factor PDX-1/IPF1/STF-1/IDX-1 causes no decrease in insulin mRNA in MIN6 cells. *J Clin Invest* 100, 1840-6.

Kaneto, H., Matsuoka, T. A., Katakami, N., Kawamori, D., Miyatsuka, T., Yoshiuchi, K., Yasuda, T., Sakamoto, K., Yamasaki, Y. and Matsuhisa, M. (2007) Oxidative stress and the JNK pathway are involved in the development of type 1 and type 2 diabetes. *Curr Mol Med* 7, 674-86.

Kaneto, H., Xu, G., Fujii, N., Kim, S., Bonner-Weir, S. and Weir, G. C. (2002) Involvement of c-Jun N-terminal kinase in oxidative stress-mediated suppression of insulin gene expression. *J Biol Chem* 277, 30010-8.

Karnik, S. K., Hughes, C. M., Gu, X., Rozenblatt-Rosen, O., McLean, G. W., Xiong, Y., Meyerson, M. and Kim, S. K. (2005) Menin regulates pancreatic islet growth by promoting histone methylation and expression of genes encoding p27Kip1 and p18INK4c. *Proc Natl Acad Sci U S A* 102, 14659-64.

Kato, T., Shimano, H., Yamamoto, T., Yokoo, T., Endo, Y., Ishikawa, M., Matsuzaka, T., Nakagawa, Y., Kumadaki, S., Yahagi, N., Takahashi, A., Sone, H., Suzuki, H., Toyoshima, H., Hasty, A. H., Takahashi, S., Gomi, H., Izumi, T. and Yamada, N. (2006) Granuphilin is activated by SREBP-1c and involved in impaired insulin secretion in diabetic mice. *Cell Metab* 4, 143-54.

Kawamori, D., Kajimoto, Y., Kaneto, H., Umayahara, Y., Fujitani, Y., Miyatsuka, T., Watada, H., Leibiger, I. B., Yamasaki, Y. and Hori, M. (2003) Oxidative stress induces nucleo-cytoplasmic translocation of pancreatic transcription factor PDX-1 through activation of c-Jun NH(2)-terminal kinase. *Diabetes* 52, 2896-904.

Kawamori, D., Kaneto, H., Nakatani, Y., Matsuoka, T. A., Matsuhisa, M., Hori, M. and Yamasaki, Y. (2006) The forkhead transcription factor Foxo1 bridges the JNK pathway and the transcription factor PDX-1 through its intracellular translocation. *J Biol Chem* 281, 1091-8.

Keller, M. P., Choi, Y., Wang, P., Davis, D. B., Rabaglia, M. E., Oler, A. T., Stapleton, D. S., Argmann, C., Schueler, K. L., Edwards, S., Steinberg, H. A., Chaibub Neto, E., Kleinhanz, R., Turner, S., Hellerstein, M. K., Schadt, E. E., Yandell, B. S., Kendziorski, C. and Attie, A. D. (2008) A gene expression network model of type 2 diabetes links cell cycle regulation in islets with diabetes susceptibility. *Genome Res* 18, 706-16.

Kelpe, C. L., Johnson, L. M. and Poitout, V. (2002) Increasing triglyceride synthesis inhibits glucose-induced insulin secretion in isolated rat islets of langerhans: a study using adenoviral expression of diacylglycerol acyltransferase. *Endocrinology* 143, 3326-32.

LITERATURVERZEICHNIS

Kelpe, C. L., Moore, P. C., Parazzoli, S. D., Wicksteed, B., Rhodes, C. J. and Poitout, V. (2003) Palmitate inhibition of insulin gene expression is mediated at the transcriptional level via ceramide synthesis. *J Biol Chem* 278, 30015-21.

Kerner, W. and Brückel, J. (2008) Definition, Klassifikation und Diagnostik des Diabetes mellitus. *Diabetologie* 3 Suppl 2, 131-133.

Khoo, S., Griffen, S. C., Xia, Y., Baer, R. J., German, M. S. and Cobb, M. H. (2003) Regulation of insulin gene transcription by ERK1 and ERK2 in pancreatic beta cells. *J Biol Chem* 278, 32969-77.

Kilimnik, G., Kim, A., Steiner, D. F., Friedman, T. C. and Hara, M. (2010) Intraislet production of GLP-1 by activation of prohormone convertase 1/3 in pancreatic alpha-cells in mouse models of ss-cell regeneration. *Islets* 2, 149-55.

Kim, J. W. and Yoon, K. H. (2011) Glucolipotoxicity in Pancreatic beta-Cells. *Diabetes Metab J* 35, 444-50.

Kim, J. W., You, Y. H., Ham, D. S., Cho, J. H., Ko, S. H., Song, K. H., Son, H. Y., Suh-Kim, H., Lee, I. K. and Yoon, K. H. (2009) Suppression of peroxisome proliferator-activated receptor gamma-coactivator-1alpha normalizes the glucolipotoxicity-induced decreased BETA2/NeuroD gene transcription and improved glucose tolerance in diabetic rats. *Endocrinology* 150, 4074-83.

Kishi, A., Nakamura, T., Nishio, Y., Maegawa, H. and Kashiwagi, A. (2003) Sumoylation of Pdx1 is associated with its nuclear localization and insulin gene activation. *Am J Physiol Endocrinol Metab* 284, E830-40.

Kitamura, T., Nakae, J., Kitamura, Y., Kido, Y., Biggs, W. H., 3rd, Wright, C. V., White, M. F., Arden, K. C. and Accili, D. (2002) The forkhead transcription factor Foxo1 links insulin signaling to Pdx1 regulation of pancreatic beta cell growth. *J Clin Invest* 110, 1839-47.

Kitamura, Y. I., Kitamura, T., Kruse, J. P., Raum, J. C., Stein, R., Gu, W. and Accili, D. (2005) FoxO1 protects against pancreatic beta cell failure through NeuroD and MafA induction. *Cell Metab* 2, 153-63.

Kluth, O. (2008) Untersuchungen zum Pathomechanismus des ß-Zelluntergangs der Langerhans-Inseln in einem polygenen Mausmodell für das metabolische Syndrom, der New Zealand obese (NZO)-Maus (Diplomarbeit).

Kluth, O., Mirhashemi, F., Scherneck, S., Kaiser, D., Kluge, R., Neschen, S., Joost, H. G. and Schürmann, A. (2011) Dissociation of lipotoxicity and glucotoxicity in a mouse model of obesity associated diabetes: role of forkhead box O1 (FOXO1) in glucose-induced beta cell failure. *Diabetologia* 54, 605-16.

Kondo, T., El Khattabi, I., Nishimura, W., Laybutt, D. R., Geraldes, P., Shah, S., King, G., Bonner-Weir, S., Weir, G. and Sharma, A. (2009) p38 MAPK is a major regulator of MafA protein stability under oxidative stress. *Mol Endocrinol* 23, 1281-90.

Kubota, N., Terauchi, Y., Tobe, K., Yano, W., Suzuki, R., Ueki, K., Takamoto, I., Satoh, H., Maki, T., Kubota, T., Moroi, M., Okada-Iwabu, M., Ezaki, O., Nagai, R., Ueta, Y., Kadowaki, T. and Noda, T. (2004) Insulin receptor substrate 2 plays a crucial role in beta cells and the hypothalamus. *J Clin Invest* 114, 917-27.

Kulkarni, R. N. (2005) New insights into the roles of insulin/IGF-I in the development and maintenance of beta-cell mass. *Rev Endocr Metab Disord* 6, 199-210.

Kulkarni, R. N., Bruning, J. C., Winnay, J. N., Postic, C., Magnuson, M. A. and Kahn, C. R. (1999) Tissue-specific knockout of the insulin receptor in pancreatic beta cells creates an insulin secretory defect similar to that in type 2 diabetes. *Cell* 96, 329-39.

Kuzuya, T. and Matsuda, A. (1997) Classification of diabetes on the basis of etiologies versus degree of insulin deficiency. *Diabetes Care* 20, 219-20.

LITERATURVERZEICHNIS

Laemmli, U. K. (1970) Cleavage of structural proteins during the assembly of the head of bacteriophage T4. *Nature* 227, 680-5.

Lai, E., Bikopoulos, G., Wheeler, M. B., Rozakis-Adcock, M. and Volchuk, A. (2008) Differential activation of ER stress and apoptosis in response to chronically elevated free fatty acids in pancreatic beta-cells. *Am J Physiol Endocrinol Metab* 294, E540-50.

Lang, J. (1999) Molecular mechanisms and regulation of insulin exocytosis as a paradigm of endocrine secretion. *Eur J Biochem* 259, 3-17.

Laoukili, J., Kooistra, M. R., Bras, A., Kauw, J., Kerkhoven, R. M., Morrison, A., Clevers, H. and Medema, R. H. (2005) FoxM1 is required for execution of the mitotic programme and chromosome stability. *Nat Cell Biol* 7, 126-36.

Larkins, R. G. (1973) Defective insulin secretion in the N.Z.O. mouse: in vitro studies. *Endocrinology* 93, 1052-6.

Laybutt, D. R., Preston, A. M., Akerfeldt, M. C., Kench, J. G., Busch, A. K., Biankin, A. V. and Biden, T. J. (2007) Endoplasmic reticulum stress contributes to beta cell apoptosis in type 2 diabetes. *Diabetologia* 50, 752-63.

Lee, Y. S., Shin, S., Shigihara, T., Hahm, E., Liu, M. J., Han, J., Yoon, J. W. and Jun, H. S. (2007) Glucagon-like peptide-1 gene therapy in obese diabetic mice results in long-term cure of diabetes by improving insulin sensitivity and reducing hepatic gluconeogenesis. *Diabetes* 56, 1671-9.

Leibiger, I. B., Leibiger, B. and Berggren, P. O. (2008) Insulin signaling in the pancreatic beta-cell. *Annu Rev Nutr* 28, 233-51.

Leiter, E. H. (1989) The genetics of diabetes susceptibility in mice. *Faseb J* 3, 2231-41.

Leiter, E. H., Coleman, D. L., Eisenstein, A. B. and Strack, I. (1981) Dietary control of pathogenesis in C57BL/KsJ db/db diabetes mice. *Metabolism* 30, 554-62.

Leiter, E. H., Coleman, D. L., Ingram, D. K. and Reynolds, M. A. (1983) Influence of dietary carbohydrate on the induction of diabetes in C57BL/KsJ-db/db diabetes mice. *J Nutr* 113, 184-95.

Leiter, E. H., Reifsnyder, P. C., Flurkey, K., Partke, H. J., Junger, E. and Herberg, L. (1998) NIDDM genes in mice: deleterious synergism by both parental genomes contributes to diabetogenic thresholds. *Diabetes* 47, 1287-95.

Lin, C. L., Wang, F. S., Kuo, Y. R., Huang, Y. T., Huang, H. C., Sun, Y. C. and Kuo, Y. H. (2006) Ras modulation of superoxide activates ERK-dependent fibronectin expression in diabetes-induced renal injuries. *Kidney Int* 69, 1593-600.

Livak, K. J. and Schmittgen, T. D. (2001) Analysis of relative gene expression data using real-time quantitative PCR and the 2(-Delta Delta C(T)) Method. *Methods* 25, 402-8.

Lyssenko, V., Lupi, R., Marchetti, P., Del Guerra, S., Orho-Melander, M., Almgren, P., Sjogren, M., Ling, C., Eriksson, K. F., Lethagen, A. L., Mancarella, R., Berglund, G., Tuomi, T., Nilsson, P., Del Prato, S. and Groop, L. (2007) Mechanisms by which common variants in the TCF7L2 gene increase risk of type 2 diabetes. *J Clin Invest* 117, 2155-63.

Maedler, K., Oberholzer, J., Bucher, P., Spinas, G. A. and Donath, M. Y. (2003) Monounsaturated fatty acids prevent the deleterious effects of palmitate and high glucose on human pancreatic beta-cell turnover and function. *Diabetes* 52, 726-33.

Mann, H. B. and Whitney, D. R. (1947) On a Test of Whether one of Two Random Variables is Stochastically Larger than the Other. *The Annals of Mathematical Statistics* 18, 50-60.

Martinez, S. C., Cras-Meneur, C., Bernal-Mizrachi, E. and Permutt, M. A. (2006) Glucose regulates Foxo1 through insulin receptor signaling in the pancreatic islet beta-cell. *Diabetes* 55, 1581-91.

LITERATURVERZEICHNIS

Martinez, S. C., Tanabe, K., Cras-Meneur, C., Abumrad, N. A., Bernal-Mizrachi, E. and Permutt, M. A. (2008) Inhibition of Foxo1 protects pancreatic islet beta-cells against fatty acid and endoplasmic reticulum stress-induced apoptosis. *Diabetes* 57, 846-59.

Matsuda, T., Kido, Y., Uchida, T. and Kasuga, M. (2008) Reduced insulin signaling and endoplasmic reticulum stress act synergistically to deteriorate pancreatic beta cell function. *Kobe J Med Sci* 54, E114-21.

Matsuoka, T. A., Kaneto, H., Miyatsuka, T., Yamamoto, T., Yamamoto, K., Kato, K., Shimomura, I., Stein, R. and Matsuhisa, M. (2010) Regulation of MafA expression in pancreatic beta-cells in db/db mice with diabetes. *Diabetes* 59, 1709-20.

Medici, F., Hawa, M. I., Giorgini, A., Panelo, A., Solfelix, C. M., Leslie, R. D. and Pozzilli, P. (1999) Antibodies to GAD65 and a tyrosine phosphatase-like molecule IA-2ic in Filipino type 1 diabetic patients. *Diabetes Care* 22, 1458-61.

Melloul, D., Ben-Neriah, Y. and Cerasi, E. (1993) Glucose modulates the binding of an islet-specific factor to a conserved sequence within the rat I and the human insulin promoters. *Proc Natl Acad Sci U S A* 90, 3865-9.

Meng, R., Al-Quobaili, F., Muller, I., Gotz, C., Thiel, G. and Montenarh, M. (2010) CK2 phosphorylation of Pdx-1 regulates its transcription factor activity. *Cell Mol Life Sci* 67, 2481-9.

Meur, G., Qian, Q., da Silva Xavier, G., Pullen, T. J., Tsuboi, T., McKinnon, C., Fletcher, L., Tavare, J. M., Hughes, S., Johnson, P. and Rutter, G. A. (2011) Nucleo-cytosolic shuttling of FoxO1 directly regulates mouse Ins2 but not Ins1 gene expression in pancreatic beta cells (MIN6). *J Biol Chem* 286, 13647-56.

Meyer, K. A., Kushi, L. H., Jacobs, D. R., Jr., Slavin, J., Sellers, T. A. and Folsom, A. R. (2000) Carbohydrates, dietary fiber, and incident type 2 diabetes in older women. *Am J Clin Nutr* 71, 921-30.

Michael, L. F., Wu, Z., Cheatham, R. B., Puigserver, P., Adelmant, G., Lehman, J. J., Kelly, D. P. and Spiegelman, B. M. (2001) Restoration of insulin-sensitive glucose transporter (GLUT4) gene expression in muscle cells by the transcriptional coactivator PGC-1. *Proc Natl Acad Sci U S A* 98, 3820-5.

Mirhashemi, F. (2012) Einfluss von Fetten und Kohlenhydraten auf die Entwicklung der Insulinresistenz und des Typ-2-Diabetes in verschiedenen Mausmodellen (Dissertation).

Mirhashemi, F., Kluth, O., Scherneck, S., Vogel, H., Kluge, R., Schürmann, A., Joost, H. G. and Neschen, S. (2008) High-fat, carbohydrate-free diet markedly aggravates obesity but prevents beta-cell loss and diabetes in the obese, diabetes-susceptible db/db strain. *Obes Facts* 1, 292-7.

Miyazaki, J., Araki, K., Yamato, E., Ikegami, H., Asano, T., Shibasaki, Y., Oka, Y. and Yamamura, K. (1990) Establishment of a pancreatic beta cell line that retains glucose-inducible insulin secretion: special reference to expression of glucose transporter isoforms. *Endocrinology* 127, 126-32.

Moccia, F., Berra-Romani, R., Tritto, S., Signorelli, S., Taglietti, V. and Tanzi, F. (2003) Epidermal growth factor induces intracellular Ca2+ oscillations in microvascular endothelial cells. *J Cell Physiol* 194, 139-50.

Mosley, A. L., Corbett, J. A. and Ozcan, S. (2004) Glucose regulation of insulin gene expression requires the recruitment of p300 by the beta-cell-specific transcription factor Pdx-1. *Mol Endocrinol* 18, 2279-90.

Mosley, A. L. and Ozcan, S. (2004) The pancreatic duodenal homeobox-1 protein (Pdx-1) interacts with histone deacetylases Hdac-1 and Hdac-2 on low levels of glucose. *J Biol Chem* 279, 54241-7.

Mosley, A. L. and Özcan, S. (2003) Glucose regulates insulin gene transcription by hyperacetylation of histone h4. *J Biol Chem* 278, 19660-6.

Muoio, D. M. and Newgard, C. B. (2008) Mechanisms of disease: molecular and metabolic mechanisms of insulin resistance and beta-cell failure in type 2 diabetes. *Nat Rev Mol Cell Biol* 9, 193-205.

LITERATURVERZEICHNIS

Nielsen, J. H., Galsgaard, E. D., Moldrup, A., Friedrichsen, B. N., Billestrup, N., Hansen, J. A., Lee, Y. C. and Carlsson, C. (2001) Regulation of beta-cell mass by hormones and growth factors. *Diabetes* 50 Suppl 1, S25-9.

Nishitoh, H. (2012) CHOP is a multifunctional transcription factor in the ER stress response. *J Biochem* 151, 217-9.

Nolan, C. J. and Prentki, M. (2008) The islet beta-cell: fuel responsive and vulnerable. *Trends Endocrinol Metab* 19, 285-91.

Nose, K., Shibanuma, M., Kikuchi, K., Kageyama, H., Sakiyama, S. and Kuroki, T. (1991) Transcriptional activation of early-response genes by hydrogen peroxide in a mouse osteoblastic cell line. *Eur J Biochem* 201, 99-106.

Oetjen, E., Blume, R., Cierny, I., Schlag, C., Kutschenko, A., Kratzner, R., Stein, R. and Knepel, W. (2007) Inhibition of MafA transcriptional activity and human insulin gene transcription by interleukin-1beta and mitogen-activated protein kinase kinase kinase in pancreatic islet beta cells. *Diabetologia* 50, 1678-87.

Olbrot, M., Rud, J., Moss, L. G. and Sharma, A. (2002) Identification of beta-cell-specific insulin gene transcription factor RIPE3b1 as mammalian MafA. *Proc Natl Acad Sci U S A* 99, 6737-42.

Olson, L. K., Redmon, J. B., Towle, H. C. and Robertson, R. P. (1993) Chronic exposure of HIT cells to high glucose concentrations paradoxically decreases insulin gene transcription and alters binding of insulin gene regulatory protein. *J Clin Invest* 92, 514-9.

Ortlepp, J. R., Kluge, R., Giesen, K., Plum, L., Radke, P., Hanrath, P. and Joost, H. G. (2000) A metabolic syndrome of hypertension, hyperinsulinaemia and hypercholesterolaemia in the New Zealand obese mouse. *Eur J Clin Invest* 30, 195-202.

Oslowski, C. M. and Urano, F. (2010) A switch from life to death in endoplasmic reticulum stressed beta-cells. *Diabetes Obes Metab* 12 Suppl 2, 58-65.

Özcan, U., Cao, Q., Yilmaz, E., Lee, A. H., Iwakoshi, N. N., Ozdelen, E., Tuncman, G., Gorgun, C., Glimcher, L. H. and Hotamisligil, G. S. (2004) Endoplasmic reticulum stress links obesity, insulin action, and type 2 diabetes. *Science* 306, 457-61.

Pan, X. R., Li, G. W., Hu, Y. H., Wang, J. X., Yang, W. Y., An, Z. X., Hu, Z. X., Lin, J., Xiao, J. Z., Cao, H. B., Liu, P. A., Jiang, X. G., Jiang, Y. Y., Wang, J. P., Zheng, H., Zhang, H., Bennett, P. H. and Howard, B. V. (1997) Effects of diet and exercise in preventing NIDDM in people with impaired glucose tolerance. The Da Qing IGT and Diabetes Study. *Diabetes Care* 20, 537-44.

Peters, L. L., Robledo, R. F., Bult, C. J., Churchill, G. A., Paigen, B. J. and Svenson, K. L. (2007) The mouse as a model for human biology: a resource guide for complex trait analysis. *Nat Rev Genet* 8, 58-69.

Pierce, M., Keen, H. and Bradley, C. (1995) Risk of diabetes in offspring of parents with non-insulin-dependent diabetes. *Diabet Med* 12, 6-13.

Piro, S., Anello, M., Di Pietro, C., Lizzio, M. N., Patane, G., Rabuazzo, A. M., Vigneri, R., Purrello, M. and Purrello, F. (2002) Chronic exposure to free fatty acids or high glucose induces apoptosis in rat pancreatic islets: possible role of oxidative stress. *Metabolism* 51, 1340-7.

Plum, L., Giesen, K., Kluge, R., Junger, E., Linnartz, K., Schurmann, A., Becker, W. and Joost, H. G. (2002) Characterisation of the mouse diabetes susceptibilty locus Nidd/SJL: Islet cell destruction, interaction with the obesity QTL Nob1, and effect of dietary fat. *Diabetologia* 45, 823-30.

Poitout, V., Amyot, J., Semache, M., Zarrouki, B., Hagman, D. and Fontes, G. (2010) Glucolipotoxicity of the pancreatic beta cell. *Biochim Biophys Acta* 1801, 289-98.

LITERATURVERZEICHNIS

Poitout, V., Hagman, D., Stein, R., Artner, I., Robertson, R. P. and Harmon, J. S. (2006) Regulation of the insulin gene by glucose and fatty acids. *J Nutr* 136, 873-6.

Poitout, V., Olson, L. K. and Robertson, R. P. (1996) Chronic exposure of betaTC-6 cells to supraphysiologic concentrations of glucose decreases binding of the RIPE3b1 insulin gene transcription activator. *J Clin Invest* 97, 1041-6.

Poitout, V. and Robertson, R. P. (2002) Minireview: Secondary beta-cell failure in type 2 diabetes--a convergence of glucotoxicity and lipotoxicity. *Endocrinology* 143, 339-42.

Porat, S., Weinberg-Corem, N., Tornovsky-Babaey, S., Schyr-Ben-Haroush, R., Hija, A., Stolovich-Rain, M., Dadon, D., Granot, Z., Ben-Hur, V., White, P., Girard, C. A., Karni, R., Kaestner, K. H., Ashcroft, F. M., Magnuson, M. A., Saada, A., Grimsby, J., Glaser, B. and Dor, Y. (2011) Control of pancreatic beta cell regeneration by glucose metabolism. *Cell Metab* 13, 440-9.

Prentki, M. and Corkey, B. E. (1996) Are the beta-cell signaling molecules malonyl-CoA and cystolic long-chain acyl-CoA implicated in multiple tissue defects of obesity and NIDDM? *Diabetes* 45, 273-83.

Prentki, M., Joly, E., El-Assaad, W. and Roduit, R. (2002) Malonyl-CoA signaling, lipid partitioning, and glucolipotoxicity: role in beta-cell adaptation and failure in the etiology of diabetes. *Diabetes* 51 Suppl 3, S405-13.

Puigserver, P., Wu, Z., Park, C. W., Graves, R., Wright, M. and Spiegelman, B. M. (1998) A cold-inducible coactivator of nuclear receptors linked to adaptive thermogenesis. *Cell* 92, 829-39.

Qiu, Y., Guo, M., Huang, S. and Stein, R. (2002) Insulin gene transcription is mediated by interactions between the p300 coactivator and PDX-1, BETA2, and E47. *Mol Cell Biol* 22, 412-20.

Raum, J. C., Gerrish, K., Artner, I., Henderson, E., Guo, M., Sussel, L., Schisler, J. C., Newgard, C. B. and Stein, R. (2006) FoxA2, Nkx2.2, and PDX-1 regulate islet beta-cell-specific mafA expression through conserved sequences located between base pairs -8118 and -7750 upstream from the transcription start site. *Mol Cell Biol* 26, 5735-43.

Reaven, G. M., Chen, Y. D., Golay, A., Swislocki, A. L. and Jaspan, J. B. (1987) Documentation of hyperglucagonemia throughout the day in nonobese and obese patients with noninsulin-dependent diabetes mellitus. *J Clin Endocrinol Metab* 64, 106-10.

Riserus, U., Arner, P., Brismar, K. and Vessby, B. (2002) Treatment with dietary trans10cis12 conjugated linoleic acid causes isomer-specific insulin resistance in obese men with the metabolic syndrome. *Diabetes Care* 25, 1516-21.

Ritz-Laser, B., Meda, P., Constant, I., Klages, N., Charollais, A., Morales, A., Magnan, C., Ktorza, A. and Philippe, J. (1999) Glucose-induced preproinsulin gene expression is inhibited by the free fatty acid palmitate. *Endocrinology* 140, 4005-14.

Robertson, R., Zhou, H., Zhang, T. and Harmon, J. S. (2007) Chronic oxidative stress as a mechanism for glucose toxicity of the beta cell in type 2 diabetes. *Cell Biochem Biophys* 48, 139-46.

Sachdeva, M. M., Claiborn, K. C., Khoo, C., Yang, J., Groff, D. N., Mirmira, R. G. and Stoffers, D. A. (2009) Pdx1 (MODY4) regulates pancreatic beta cell susceptibility to ER stress. *Proc Natl Acad Sci U S A* 106, 19090-5.

Sachdeva, M. M. and Stoffers, D. A. (2009) Minireview: Meeting the demand for insulin: molecular mechanisms of adaptive postnatal beta-cell mass expansion. *Mol Endocrinol* 23, 747-58.

Sako, Y. and Grill, V. E. (1990) A 48-hour lipid infusion in the rat time-dependently inhibits glucose-induced insulin secretion and B cell oxidation through a process likely coupled to fatty acid oxidation. *Endocrinology* 127, 1580-9.

LITERATURVERZEICHNIS

Salmeron, J., Ascherio, A., Rimm, E. B., Colditz, G. A., Spiegelman, D., Jenkins, D. J., Stampfer, M. J., Wing, A. L. and Willett, W. C. (1997) Dietary fiber, glycemic load, and risk of NIDDM in men. *Diabetes Care* 20, 545-50.

Sargsyan, E. and Bergsten, P. (2011) Lipotoxicity is glucose-dependent in INS-1E cells but not in human islets and MIN6 cells. *Lipids Health Dis* 10, 115.

Scherneck, S., Nestler, M., Vogel, H., Bluher, M., Block, M. D., Berriel Diaz, M., Herzig, S., Schulz, N., Teichert, M., Tischer, S., Al-Hasani, H., Kluge, R., Schürmann, A. and Joost, H. G. (2009) Positional cloning of zinc finger domain transcription factor Zfp69, a candidate gene for obesity-associated diabetes contributed by mouse locus Nidd/SJL. *PLoS Genet* 5, e1000541.

Scheuner, D., Song, B., McEwen, E., Liu, C., Laybutt, R., Gillespie, P., Saunders, T., Bonner-Weir, S. and Kaufman, R. J. (2001) Translational control is required for the unfolded protein response and in vivo glucose homeostasis. *Mol Cell* 7, 1165-76.

Schinner, S., Scherbaum, W. A., Bornstein, S. R. and Barthel, A. (2005) Molecular mechanisms of insulin resistance. *Diabet Med* 22, 674-82.

Schisler, J. C., Fueger, P. T., Babu, D. A., Hohmeier, H. E., Tessem, J. S., Lu, D., Becker, T. C., Naziruddin, B., Levy, M., Mirmira, R. G. and Newgard, C. B. (2008) Stimulation of human and rat islet beta-cell proliferation with retention of function by the homeodomain transcription factor Nkx6.1. *Mol Cell Biol* 28, 3465-76.

Schisler, J. C., Jensen, P. B., Taylor, D. G., Becker, T. C., Knop, F. K., Takekawa, S., German, M., Weir, G. C., Lu, D., Mirmira, R. G. and Newgard, C. B. (2005) The Nkx6.1 homeodomain transcription factor suppresses glucagon expression and regulates glucose-stimulated insulin secretion in islet beta cells. *Proc Natl Acad Sci U S A* 102, 7297-302.

Schmidt, C., Gonzaludo, N. P., Strunk, S., Dahm, S., Schuchhardt, J., Kleinjung, F., Wuschke, S., Joost, H. G. and Al-Hasani, H. (2008) A meta-analysis of QTL for diabetes-related traits in rodents. *Physiol Genomics* 34, 42-53.

Schmitz-Peiffer, C., Laybutt, D. R., Burchfield, J. G., Gurisik, E., Narasimhan, S., Mitchell, C. J., Pedersen, D. J., Braun, U., Cooney, G. J., Leitges, M. and Biden, T. J. (2007) Inhibition of PKCepsilon improves glucose-stimulated insulin secretion and reduces insulin clearance. *Cell Metab* 6, 320-8.

Schmolz, K., Pyrski, M., Bufe, B., Vogel, H., Nogueiras, R., Scherneck, S., Nestler, M., Zahn, C., Ruschendorf, F., Tschop, M. H., Meyerhof, W., Joost, H. G. and Schurmann, A. (2007) Role of Neuromedin-U in the central control of feeding behaviour: a variant of the Neuromedin-U receptor 2 contributes to hyperphagia in the New Zealand Obese mouse. *Obesity and Metabolism* 3, 28-37.

Schreiber, E., Matthias, P., Muller, M. M. and Schaffner, W. (1989) Rapid detection of octamer binding proteins with 'mini-extracts', prepared from a small number of cells. *Nucleic Acids Res* 17, 6419.

Schuit, F., Flamez, D., De Vos, A. and Pipeleers, D. (2002) Glucose-regulated gene expression maintaining the glucose-responsive state of beta-cells. *Diabetes* 51 Suppl 3, S326-32.

Segal-Isaacson, C. J., Carello, E. and Wylie-Rosett, J. (2001) Dietary fats and diabetes mellitus: is there a good fat? *Curr Diab Rep* 1, 161-9.

Senn, J. J. (2006) Toll-like receptor-2 is essential for the development of palmitate-induced insulin resistance in myotubes. *J Biol Chem* 281, 26865-75.

Sharma, A., Olson, L. K., Robertson, R. P. and Stein, R. (1995) The reduction of insulin gene transcription in HIT-T15 beta cells chronically exposed to high glucose concentration is associated with the loss of RIPE3b1 and STF-1 transcription factor expression. *Mol Endocrinol* 9, 1127-34.

LITERATURVERZEICHNIS

Sherr, C. J. and Roberts, J. M. (1999) CDK inhibitors: positive and negative regulators of G1-phase progression. *Genes Dev* 13, 1501-12.

Sherr, C. J. and Roberts, J. M. (2004) Living with or without cyclins and cyclin-dependent kinases. *Genes Dev* 18, 2699-711.

Shibasaki, T., Sunaga, Y., Fujimoto, K., Kashima, Y. and Seino, S. (2004) Interaction of ATP sensor, cAMP sensor, Ca2+ sensor, and voltage-dependent Ca2+ channel in insulin granule exocytosis. *J Biol Chem* 279, 7956-61.

Shimabukuro, M., Zhou, Y. T., Levi, M. and Unger, R. H. (1998) Fatty acid-induced beta cell apoptosis: a link between obesity and diabetes. *Proc Natl Acad Sci U S A* 95, 2498-502.

Sjoholm, A., Zhang, Q., Welsh, N., Hansson, A., Larsson, O., Tally, M. and Berggren, P. O. (2000) Rapid Ca2+ influx and diacylglycerol synthesis in growth hormone-mediated islet beta -cell mitogenesis. *J Biol Chem* 275, 21033-40.

Skelin, M., Rupnik, M. and Cencic, A. (2010) Pancreatic beta cell lines and their applications in diabetes mellitus research. *Altex* 27, 105-13.

Smith, P. K., Krohn, R. I., Hermanson, G. T., Mallia, A. K., Gartner, F. H., Provenzano, M. D., Fujimoto, E. K., Goeke, N. M., Olson, B. J. and Klenk, D. C. (1985) Measurement of protein using bicinchoninic acid. *Anal Biochem* 150, 76-85.

Solinas, G., Naugler, W., Galimi, F., Lee, M. S. and Karin, M. (2006) Saturated fatty acids inhibit induction of insulin gene transcription by JNK-mediated phosphorylation of insulin-receptor substrates. *Proc Natl Acad Sci U S A* 103, 16454-9.

Song, M. J., Kim, K. H., Yoon, J. M. and Kim, J. B. (2006) Activation of Toll-like receptor 4 is associated with insulin resistance in adipocytes. *Biochem Biophys Res Commun* 346, 739-45.

Srinivasan, K. and Ramarao, P. (2007) Animal models in type 2 diabetes research: an overview. *Indian J Med Res* 125, 451-72.

Strack, V., Stoyanov, B., Bossenmaier, B., Mosthaf, L., Kellerer, M. and Haring, H. U. (1997) Impact of mutations at different serine residues on the tyrosine kinase activity of the insulin receptor. *Biochem Biophys Res Commun* 239, 235-9.

Stratford, S., DeWald, D. B. and Summers, S. A. (2001) Ceramide dissociates 3'-phosphoinositide production from pleckstrin homology domain translocation. *Biochem J* 354, 359-68.

Stumvoll, M., Goldstein, B. J. and van Haeften, T. W. (2005) Type 2 diabetes: principles of pathogenesis and therapy. *Lancet* 365, 1333-46.

Suckale, J. and Solimena, M. (2010) The insulin secretory granule as a signaling hub. *Trends Endocrinol Metab* 21, 599-609.

Szoke, E. and Gerich, J. E. (2005) Role of impaired insulin secretion and insulin resistance in the pathogenesis of type 2 diabetes mellitus. *Compr Ther* 31, 106-12.

Tanabe, K., Liu, Y., Hasan, S. D., Martinez, S. C., Cras-Meneur, C., Welling, C. M., Bernal-Mizrachi, E., Tanizawa, Y., Rhodes, C. J., Zmuda, E., Hai, T., Abumrad, N. A. and Permutt, M. A. (2011) Glucose and fatty acids synergize to promote B-cell apoptosis through activation of glycogen synthase kinase 3beta independent of JNK activation. *PLoS One* 6, e18146.

Tarasov, A., Dusonchet, J. and Ashcroft, F. (2004) Metabolic regulation of the pancreatic beta-cell ATP-sensitive K+ channel: a pas de deux. *Diabetes* 53 Suppl 3, S113-22.

LITERATURVERZEICHNIS

Tews, D., Werner, U. and Eckel, J. (2008) Enhanced protection against cytokine- and fatty acid-induced apoptosis in pancreatic beta cells by combined treatment with glucagon-like peptide-1 receptor agonists and insulin analogues. *Horm Metab Res* 40, 172-80.

Thorburn, A., Andrikopoulos, S. and Proietto, J. (1995) Defects in liver and muscle glycogen metabolism in neonatal and adult New Zealand obese mice. *Metabolism* 44, 1298-302.

Thorel, F., Nepote, V., Avril, I., Kohno, K., Desgraz, R., Chera, S. and Herrera, P. L. (2010) Conversion of adult pancreatic alpha-cells to beta-cells after extreme beta-cell loss. *Nature* 464, 1149-54.

Thörn, K. and Bergsten, P. (2010) Fatty acid-induced oxidation and triglyceride formation is higher in insulin-producing MIN6 cells exposed to oleate compared to palmitate. *J Cell Biochem* 111, 497-507.

Towbin, H., Staehelin, T. and Gordon, J. (1979) Electrophoretic transfer of proteins from polyacrylamide gels to nitrocellulose sheets: procedure and some applications. *Proc Natl Acad Sci U S A* 76, 4350-4.

Tuttle, R. L., Gill, N. S., Pugh, W., Lee, J. P., Koeberlein, B., Furth, E. E., Polonsky, K. S., Naji, A. and Birnbaum, M. J. (2001) Regulation of pancreatic beta-cell growth and survival by the serine/threonine protein kinase Akt1/PKBalpha. *Nat Med* 7, 1133-7.

Ulrich, A. B., Schmied, B. M., Standop, J., Schneider, M. B. and Pour, P. M. (2002) Pancreatic cell lines: a review. *Pancreas* 24, 111-20.

Unger, R. H. (1978) Role of glucagon in the pathogenesis of diabetes: the status of the controversy. *Metabolism* 27, 1691-709.

Unger, R. H. (1995) Lipotoxicity in the pathogenesis of obesity-dependent NIDDM. Genetic and clinical implications. *Diabetes* 44, 863-70.

Urano, F., Wang, X., Bertolotti, A., Zhang, Y., Chung, P., Harding, H. P. and Ron, D. (2000) Coupling of stress in the ER to activation of JNK protein kinases by transmembrane protein kinase IRE1. *Science* 287, 664-6.

van der Kallen, C. J., van Greevenbroek, M. M., Stehouwer, C. D. and Schalkwijk, C. G. (2009) Endoplasmic reticulum stress-induced apoptosis in the development of diabetes: is there a role for adipose tissue and liver? *Apoptosis* 14, 1424-34.

Vander Mierde, D., Scheuner, D., Quintens, R., Patel, R., Song, B., Tsukamoto, K., Beullens, M., Kaufman, R. J., Bollen, M. and Schuit, F. C. (2007) Glucose activates a protein phosphatase-1-mediated signaling pathway to enhance overall translation in pancreatic beta-cells. *Endocrinology* 148, 609-17.

Viswanathan, M., Snehalatha, C., Viswanathan, V., Vidyavathi, P., Indu, J. and Ramachandran, A. (1997) Reduction in body weight helps to delay the onset of diabetes even in non-obese with strong family history of the disease. *Diabetes Res Clin Pract* 35, 107-12.

Vogel, H., Nestler, M., Ruschendorf, F., Block, M. D., Tischer, S., Kluge, R., Schurmann, A., Joost, H. G. and Scherneck, S. (2009) Characterization of Nob3, a major quantitative trait locus for obesity and hyperglycemia on mouse chromosome 1. *Physiol Genomics* 38, 226-32.

Wang, I. C., Chen, Y. J., Hughes, D., Petrovic, V., Major, M. L., Park, H. J., Tan, Y., Ackerson, T. and Costa, R. H. (2005) Forkhead box M1 regulates the transcriptional network of genes essential for mitotic progression and genes encoding the SCF (Skp2-Cks1) ubiquitin ligase. *Mol Cell Biol* 25, 10875-94.

Wang, L., Liu, Y., Yan Lu, S., Nguyen, K. T., Schroer, S. A., Suzuki, A., Mak, T. W., Gaisano, H. and Woo, M. (2010) Deletion of Pten in pancreatic ss-cells protects against deficient ss-cell mass and function in mouse models of type 2 diabetes. *Diabetes* 59, 3117-26.

LITERATURVERZEICHNIS

Wang, Q., Li, L., Xu, E., Wong, V., Rhodes, C. and Brubaker, P. L. (2004) Glucagon-like peptide-1 regulates proliferation and apoptosis via activation of protein kinase B in pancreatic INS-1 beta cells. *Diabetologia* 47, 478-87.

Wang, X., Zhou, L., Li, G., Luo, T., Gu, Y., Qian, L., Fu, X., Li, F., Li, J. and Luo, M. (2007) Palmitate activates AMP-activated protein kinase and regulates insulin secretion from beta cells. *Biochem Biophys Res Commun* 352, 463-8.

Watada, H., Mirmira, R. G., Leung, J. and German, M. S. (2000) Transcriptional and translational regulation of beta-cell differentiation factor Nkx6.1. *J Biol Chem* 275, 34224-30.

Webb, G. C., Akbar, M. S., Zhao, C. and Steiner, D. F. (2000) Expression profiling of pancreatic beta cells: glucose regulation of secretory and metabolic pathway genes. *Proc Natl Acad Sci U S A* 97, 5773-8.

Wierstra, I. and Alves, J. (2007) FOXM1, a typical proliferation-associated transcription factor. *Biol Chem* 388, 1257-74.

Withers, D. J., Gutierrez, J. S., Towery, H., Burks, D. J., Ren, J. M., Previs, S., Zhang, Y., Bernal, D., Pons, S., Shulman, G. I., Bonner-Weir, S. and White, M. F. (1998) Disruption of IRS-2 causes type 2 diabetes in mice. *Nature* 391, 900-4.

Wrede, C. E., Dickson, L. M., Lingohr, M. K., Briaud, I. and Rhodes, C. J. (2002) Protein kinase B/Akt prevents fatty acid-induced apoptosis in pancreatic beta-cells (INS-1). *J Biol Chem* 277, 49676-84.

Wrede, C. E., Dickson, L. M., Lingohr, M. K., Briaud, I. and Rhodes, C. J. (2003) Fatty acid and phorbol ester-mediated interference of mitogenic signaling via novel protein kinase C isoforms in pancreatic beta-cells (INS-1). *J Mol Endocrinol* 30, 271-86.

Wu, H., MacFarlane, W. M., Tadayyon, M., Arch, J. R., James, R. F. and Docherty, K. (1999) Insulin stimulates pancreatic-duodenal homoeobox factor-1 (PDX1) DNA-binding activity and insulin promoter activity in pancreatic beta cells. *Biochem J* 344 Pt 3, 813-8.

Xu, X., D'Hoker, J., Stange, G., Bonne, S., De Leu, N., Xiao, X., Van de Casteele, M., Mellitzer, G., Ling, Z., Pipeleers, D., Bouwens, L., Scharfmann, R., Gradwohl, G. and Heimberg, H. (2008) Beta cells can be generated from endogenous progenitors in injured adult mouse pancreas. *Cell* 132, 197-207.

Xuan, S., Kitamura, T., Nakae, J., Politi, K., Kido, Y., Fisher, P. E., Morroni, M., Cinti, S., White, M. F., Herrera, P. L., Accili, D. and Efstratiadis, A. (2002) Defective insulin secretion in pancreatic beta cells lacking type 1 IGF receptor. *J Clin Invest* 110, 1011-9.

Yarden, Y. and Ullrich, A. (1988) Growth factor receptor tyrosine kinases. *Annu Rev Biochem* 57, 443-78.

Zhang, C., Moriguchi, T., Kajihara, M., Esaki, R., Harada, A., Shimohata, H., Oishi, H., Hamada, M., Morito, N., Hasegawa, K., Kudo, T., Engel, J. D., Yamamoto, M. and Takahashi, S. (2005) MafA is a key regulator of glucose-stimulated insulin secretion. *Mol Cell Biol* 25, 4969-76.

Zhang, H., Li, W., Wang, Q., Wang, X., Li, F., Zhang, C., Wu, L., Long, H., Liu, Y., Li, X., Luo, M., Li, G. and Ning, G. (2012) Glucose-Mediated Repression of Menin Promotes Pancreatic beta-Cell Proliferation. *Endocrinology* 153, 602-11.

Zhang, X., Yong, W., Lv, J., Zhu, Y., Zhang, J., Chen, F., Zhang, R., Yang, T., Sun, Y. and Han, X. (2009) Inhibition of forkhead box O1 protects pancreatic beta-cells against dexamethasone-induced dysfunction. *Endocrinology* 150, 4065-73.

Zhang, Y., Proenca, R., Maffei, M., Barone, M., Leopold, L. and Friedman, J. M. (1994) Positional cloning of the mouse obese gene and its human homologue. *Nature* 372, 425-32.

LITERATURVERZEICHNIS

Zhang, Y. Q., Sterling, L., Stotland, A., Hua, H., Kritzik, M. and Sarvetnick, N. (2008) Nodal and lefty signaling regulates the growth of pancreatic cells. *Dev Dyn* 237, 1255-67.

Zhou, Y. P. and Grill, V. E. (1994) Long-term exposure of rat pancreatic islets to fatty acids inhibits glucose-induced insulin secretion and biosynthesis through a glucose fatty acid cycle. *J Clin Invest* 93, 870-6.

Zinker, B. A., Rondinone, C. M., Trevillyan, J. M., Gum, R. J., Clampit, J. E., Waring, J. F., Xie, N., Wilcox, D., Jacobson, P., Frost, L., Kroeger, P. E., Reilly, R. M., Koterski, S., Opgenorth, T. J., Ulrich, R. G., Crosby, S., Butler, M., Murray, S. F., McKay, R. A., Bhanot, S., Monia, B. P. and Jirousek, M. R. (2002) PTP1B antisense oligonucleotide lowers PTP1B protein, normalizes blood glucose, and improves insulin sensitivity in diabetic mice. *Proc Natl Acad Sci U S A* 99, 11357-62.

i want morebooks!

Buy your books fast and straightforward online - at one of world's fastest growing online book stores! Environmentally sound due to Print-on-Demand technologies.

Buy your books online at
www.get-morebooks.com

Kaufen Sie Ihre Bücher schnell und unkompliziert online – auf einer der am schnellsten wachsenden Buchhandelsplattformen weltweit! Dank Print-On-Demand umwelt- und ressourcenschonend produziert.

Bücher schneller online kaufen
www.morebooks.de

 VDM Verlagsservicegesellschaft mbH
Heinrich-Böcking-Str. 6-8   Telefon: +49 681 3720 174   info@vdm-vsg.de
D - 66121 Saarbrücken   Telefax: +49 681 3720 1749   www.vdm-vsg.de

Printed by Books on Demand GmbH, Norderstedt / Germany